Walter Abriel

Erlebnisse eines Lokspähers

Walter Abriel

Erlebnisse eines
Lokspähers

Einbandgestaltung: Andreas Pflaum
Titelbild: Wolfgang Schmid

Alle Abbildungen stammen aus dem Archiv des Autors.

Eine Haftung des Autors oder des Verlages und seiner Beauftragten für Personen-, Sach- und Vermögensschäden sind ausgeschlossen.

ISBN: 3-613-71077-3

© 1998 by transpress Verlag, Postfach 10 37 43,
70032 Stuttgart
Ein Unternehmen der Paul Pietsch Verlage GmbH + Co.
1. Auflage 1998

Der Nachdruck, auch einzelner Teile, ist verboten. Das Urheberrecht und sämtliche weiteren Rechte sind dem Verlag vorbehalten. Übersetzung, Speicherung, Verfielfältigung und Verbreitung einschließlich Übernahme auf elektronische Datenträger wie CD-Rom, Bildplatte usw. sowie Einspeicherung in elektronische Medien wie Bildschirmtext, Internet usw. ist ohne vorherige schriftliche Genehmigung des Verlages unzulässig und strafbar.

Lektorat: Claus-Jürgen Jacobson
Innengestaltung: Viktor Stern
Druck: Gulde-Druck, 72070, Tübingen
Bindung: Josef Spinner, 77833 Ottersweier
Printed in Germany

Gewidmet meinem Vater Paul Abriel

Inhalt

Prolog 7
Die Wurzeln 9
Die ersten Schritte 13
Überraschungen im Bw München Ost 19
Wegen Spionage verhaftet..............................23
Die letzte 24er der DB 31
Treffen mit einer badischen IVh 44
Rheinische Metropolen 47
Auf den Spuren des Öls 50
Alte Preußen..54
Verweis wegen falscher Loknummer 58
Zum Fußballspiel nach Nürnberg 64
Schnapsnummern 72
Der Saubock..76
Die letzten 01er der DB 84
Zs 4 für Dg 7763 89
Die verschlungenen Wege der Pasinger Abstellzüge 100
Schon wieder verhaftet!...............................113
Einmal Lokspäher - immer Lokspäher 121
Epilog 124

Prolog

Sie stehen am Bahndamm, scheinbar unbeweglich, den Blick unverwandt in immer die gleiche Richtung – kein Zweifel, hier sind Lokspäher am Werk.

Aus Zeitschriften, Kursbüchern, oft auch aus Gesprächen mit Gleichgesinnten haben sie erfahren, daß heute um 12.31 Uhr vor dem Dg 12345 ausnahmsweise wegen einer Überführungsfahrt zwei Lokomotiven der Reihe XY zwischen A-Stadt und B-Dorf zum Einsatz kommen werden... In solchen Fällen gibt es nur eines: Alles stehen und liegen lassen, den Fotoapparat gegriffen und hinaus an die Bahn! Es ist freilich nicht jedermanns Sache, bei Wind und Wetter, bei Regen oder Sonnenschein, bei Hitze und Kälte an irgendeiner Böschung oder einem Tunnelportal zu stehen und zu warten. »Lokspäher« ist kein Beruf, eher schon eine Berufung. Meist werden ihre Wurzeln bereits in frühester Kindheit gelegt. Wenn der Vater mit dem Sohne beim wochenendlichen Spaziergang den Schritt immer wieder unwillkürlich an die nächstgelegene Bahnlinie lenkt, versonnen den vorbeifahrenden Zügen nachblickt – dann ist die Wahrscheinlichkeit groß, daß der Filius dereinst dem Vater nacheifert.
So oder so ähnlich haben zahllose Lokspäherkarrieren begonnen, und sicherlich wird dies auch so bleiben, so lange es Eisenbahnen gibt.
Aus den Spaziergängen werden mit zunehmendem Alter dann Ausflüge in die weitere Umgebung, zunächst mit dem Fahrrrad, später vielleicht mit dem ersten eigenen Motor-Gefährt. Bald reicht auch das Anschauen der Züge nicht mehr, ein Fotoapparat gehört zur Ausrüstung. Schließlich wird die eigene Umgebung langweilig, die weite Welt harrt der Entdeckung.
Wer vom Lokspäh-Bazillus verschont blieb, mag ob derartiger »Spinnerei« verwundert den Kopf schütteln oder auch nur mitleidig lächeln. Doch letztendlich ist es ein harmloser »spleen«, der niemandem weh tut. Kein Lokspäher wird ernsthaft von »Außenstehenden«

Verständnis fordern für sein bisweilen skurriles Treiben. Er genügt sich selbst und ist zufrieden, wenn das erhoffte Bild endlich »im Kasten« ist. Später dann, im stillen Kämmerlein, sichtet er in Ruhe seine »Beute«, freut sich über die geglückten Aufnahmen, trauert über die verpaßten Chancen. Jedes Bild hat seine eigene Geschichte und sie wird lebendig, wenn der Späher es zur Hand nimmt. Dann schweifen seine Gedanken noch einmal zurück an den Bahndamm, er erinnert sich an den Polizisten, der ihn argwöhnisch beobachtete, er schmunzelt über die spottenden Passanten, er ärgert sich noch einmal über den Reguß, der ihn von Kopf bis Fuß durchnäßt hat...
Hand aufs Herz – gibt es etwas Schöneres als solch ein Hobby?

Die Wurzeln

*M*eine Mutter meinte immer: »Das hat der Bub von meinem Großvater und von meinem Vater«. Der Großvater war Lokführer der LAG (Lokalbahn-AG) auf der Strecke Murnau - Oberammergau und fuhr dort wohl die ersten elektrischen Lokomotiven (später E 69), nach- dem er zuvor auf Dampfloks Dienst tat. In Murnau wurde er »der schwarze Xare« genannt. Ihr Vater war bis Mitte der 50er Jahre bei der Lokomotivfabrik Krauss-Maffei in München-Allach beschäftigt. Ich erinnere mich, daß ich einmal bei einem »Tag der offenen Tür« die Fabrik mit meinem Opa besichtigte. Die gerade im Bau befindlichen V 200 in der riesigen Montagehalle hatten mich weniger beeindruckt. Das lodernde Feuer in der düsteren Schmiede war dann allerdings geeignet, die Enttäuschung über die erwarteten, aber fehlenden Dampfloks abzumildern.

Mein Vater konnte in seiner Verwandtschaft nur mit Lehrern, Metzgern und Gastwirten aufwarten. Doch er war es, der mich schon ab dem vierten Lebensjahr mit dem Fahrrad auf einem blechernen Kindersitz zu feierabendlichen Ausflügen mitnahm. Häufiges Ziel war der »Nordring«, die nördliche Güterumgehungsbahn Münchens, die in der Nähe des Bahnhofs Freimann zweigleisig den Fluß Isar überquerte, parallel zu der mit dem Fahrrad befahrenen Straßenbrücke. Der Nordring war schon seit der Reichsbahnzeit elektrifiziert und deshalb konnte man dort alle Ellokbaureihen der damaligen Zeit antreffen. Am häufigsten natürlich die E 94, die meistens mit langen Zügen von und zum Rangierbahnhof München-Ost unterwegs war. Schon damals beeindruckte mich ein zuerst gestellter, dann wieder anfahrender schwerer Güterzug, bespannt mit dieser sechsachsigen Lok, die mit einem durchdringenden Brummen die Erde zittern und beben ließ, um ihre Last wieder erneut zu beschleunigen. Im Vergleich zu diesem Kraftprotz konnte uns eine E 75 mit der Achsfolge 1'BB1' nur ein mitleidiges Lächeln entlocken.

54 1641 wurde im Januar 1964 beim Bw München Hbf ausgemustert. Im Frühjahr 1965 erhielt sie einen neuen Anstrich und diente als Übungslok für das Aufgleisgerät.

Die Stichbahnen zum Nordring, wie etwa die Strecke zum Güterbahnhof München-Schwabing (inzwischen abgerissen), waren mit Ausnahme der Zufahrt zum AW Freimann nicht elektrifiziert.
In der Regel traf man bei Übergabe- und Rangierzügen Dampfloks der Baureihe 54^{15} (bayerische $G^{3}/_{4}$ H). Die Übergaben Freimann - Schwabing, bespannt mit 54^{15}, wurden dann oft noch im Bahnhof Freimann von der E 94, die den Zug über den Nordring brachte, angeschoben. Die lange Wagenschlange sollte möglichst schnell aus dem Bahnhof gedrückt werden, um wieder ein freies Ein- und Durchfahrgeleise zu bekommen. Ein Schauspiel mit viel Dampf und Rauch, begleitet vom oben geschilderten »Erdbeben« der E 94.

Einmal stand im Bahnhof Freimann eine Dampflok, ganz alleine. Es handelte sich um eine 50er. Der Lokführer wollte die Wartezeit mit einem Plausch verkürzen und so kam mein Vater mit ihm ins Gespräch. Resultat war die Einladung zur Besichtigung des Führerstan-

Die schweren Güterzuglokomotiven der Reihe E 94 veranstalteten regelmäßig ein »Erdbeben« beim Anfahren. E 94 050 vom Bw Regensburg im Sommer 1966 in München-Ost Rbf.

des. Für mich kleinen Knirps war das Besteigen der Trittleiter ohne Hilfe nicht zu schaffen.

Was war das für eine riesige Lok! Auf die Frage meines Vaters, wo wohl der Heizer wäre, meinte der Lokführer: »Der macht Brotzeit«. Und er deutete hinüber zu einem benachbarten Güterschuppen, ein vom Dampfbetrieb angeschwärztes Gebäude aus verwitterten Brettern mit grünen Fensterläden, wo sich das Personal in einem kleinen Laden mit Getränken versorgen konnte. Der freundliche Lokführer bot uns aus einer roten »Prince Albert« Tabak-Blechdose Minzenkugeln an und erklärte uns die Armaturen des Kessels. Der obligatorische Blick in die Feuerbüchse war für mich furchterregend und beeindruckend zugleich.

Doch damit war die Besichtigung des Führerstandes nicht beendet. Der schwarze Mann forderte mich auf, doch einmal einen bestimmten Hebel nach unten zu drücken. Als ich dies nach einigem Zögern tat, erschrak ich so, daß ich sofort den Führerstand verlassen wollte.

Er ließ mich die Dampfpfeife betätigen! Mein Vater half mir, von dem Ungetüm schnell wieder herunterzusteigen - dieser starke Eindruck sollte mir immer in Erinnerung bleiben.

Die ersten Schritte

*I*n der Folgezeit, in der der Wunsch nach einer »elektrischen Eisenbahn« immer stärker und schließlich erfüllt wurde, war die einzige Informationsquelle zum Thema Eisenbahn der Katalog der Modellbahnfirma. Für mich war allerdings unbefriedigend, daß ich die Modell-Loktypen nicht in der Wirklichkeit des Münchner Bundesbahn-Alltags der fünfziger und frühen sechziger Jahre wiederfand. Eine 54er war keine 24er und eine E 94 war kein Schweizer Krokodil. Doch auch dieser Bundesbahn-Alltag wandelte sich. Bei meinen ersten Ausflügen zum Nordring mit dem eigenen Fahrrad sah ich die 54 immer seltener. Dafür kamen die eher langweiligen V 60, aber die E 94, die E 75, ab und zu eine E 50 und der ET 85 (für den Personalverkehr) waren noch immer täglich anzutreffen.
Mit dem Umzug meiner Eltern nach München-Sendling gab es ein neues Umfeld zu erforschen. In der Nähe unserer neuen Wohnung verlief die Strecke nach Holzkirchen–Bayrischzell/Tegernsee-Lenggries. Aber auch der Südbahnhof mit erheblichem Güteraufkommen (Großmarkthalle) und das Betriebswerk München Hbf war nun mit einer maximal 1/2-stündigen Fahradtour zu erreichen. Mein Vater erlaubte mir seine Agfa-Silette zu benutzen – ich konnte nun auf die Pirsch gehen. Damals dachte ich noch, daß es wohl keine anderen Menschen gibt, die derartige Interessen verfolgen. Von der Schule kannte ich nur das enormen Engagement der Klassenkameraden für Fußball, der mich aber gänzlich kalt ließ.

Die Holzkirchner Strecke war nicht elektrifiziert. Die Reisezüge waren meistens mit der Baureihe 78 (preuß. T 18), manchmal auch mit der BR 38 (preuß. P 8) bespannt. Die Güterzüge fuhren mit der BR 50. In dieser Zeit entdeckte ich die kleinen Schilder, die an der Seitenwand der Triebfahrzeuge angebracht waren und Auskunft über deren Beheimatung gaben.

Für die 78er und 38er las ich Bw München Hbf, bei den 50ern außer dieser Angabe auch manchmal Bw München Ost. Von da an gehörte ein Schreibblock mit zu meiner Ausrüstung.

Die ersten Fotos von Zügen mit 78ern waren sehr enttäuschend. Ich mußte lernen, daß die Aufnahme eines schnell fahrenden Zuges gar nicht so einfach war. Es entstanden Bilder, bei denen man außer den Gleisen auf dem Bahndamm nur in weiter Ferne einen Zug erahnen konnte, oder solche, bei denen ein eher verwischter Eindruck entstand. Langsam lernte ich, bessere Fotos zu schießen, und so wagte ich mich an meinen ersten Dia-Farbfilm.

Neben der Hausstrecke München – Holzkirchen rückte immer mehr das Bw München Hbf ins Zentrum der Aktivitäten. Damals überspannte die alte Friedenheimer Brücke noch ohne Sichtblenden das Gleisvorfeld des Münchner Hauptbahnhofs und die westlichen Teile des Betriebswerkes. So konnte man von der Brücke aus den Betrieb beim »Haus 5« beobachten, der Schuppen, der neben dem benachbarten »Haus 4« Unterstand für die in München-Hbf beheimateten und hier wendenden Dampfloks gab. Die Gebäude stammten wohl noch aus der Zeit der bayerischen Staatsbahn, mindestens zwei Drehscheiben konnten eingesehen werden. Neben den schon erwähnten 38ern, 50ern und 78ern gab es noch 86er (insbesondere für den Verkehr auf der Nebenbahn 413b Dachau–Altomünster). Die Gastloks kamen aus den Betriebswerken Mühldorf (38^{10}), Kempten (39) und Lindau (18^6, 38^{10}).

Bei den Elloks waren nun schon häufig die Neubauten der Baureihen E 10 (auch von den Betriebswerken Stuttgart, Heidelberg, Nürnberg Hbf) und E 41 anzutreffen, letztere hatten den elektrischen (Wendezug-) Vorortverkehr insbesondere in westlicher Richtung voll im Griff. Für den eleganten F-Zug Rheinpfeil wurden E 10^{12} aus Nürnberg eingesetzt. Die E 16, E 17 und vor allem die formschönen E 18 und E 19 in blau und grün waren noch nicht aus dem schweren Schnellzugverkehr wegzudenken. Die heuwenderartigen Lokomotiven der Reihen E 32 und E 32^1, die zusammen mit E 75 und E 04 im Abstelldienst nach Pasing-West zu finden waren, wie auch das unförmige Rangiermonster E 91 konnten täglich bewundert werden.

Die Wendezuglok 38 3805 des Bw München Hbf bei der Einfahrt in ihr Heimat-Bw. Im Hintergrund verläßt die moderne Konkurrenz, ein E 41-geschobener Wendezug, die Stadt.

Nicht zu vergessen die E 44, die auch von auswärtigen Betriebswerken (München-Ost, Garmisch, Augsburg, Rosenheim) hierher kamen. An Dieselloks gabs außer der V 60 nun bereits etliche V 100[20] für den Wendezugverkehr in Richtung Geltendorf und Holzkirchen. Daneben kamen die V 200/V 200[1] aus Kempten, die leider die P 10 (BR 39) und die S 3/6 (BR 18[6]) schon weitgehend verdrängt hatten. Und da war noch die V 36, die in untergeordneten Diensten, wie z.B. zum Verschub von Schlacken- und Müllwagen und vor Arbeitszügen, eingesetzt war.

Ein weiterer ausgezeichneter Späh-Standort war (und ist immer noch) die Donnersberger Brücke, von der eine Treppe hinunter mitten zwischen die Gleise zu einem Weg führt, der den Eisenbahnfreund bei Mißachtung eines Schildes (Zutritt nur für Bedienstete des Bw München Hbf) direkt ins Allerheiligste führte: Die ausgedehnten Anlagen mit Schuppen, Bekohlung, Schlackengruben, Schiebebühne, Drehscheiben etc.

Die Dampflokomotiven der Münchner Betriebswerke, Stand 31.12.1964

Bw München Hbf

38	50	78	86
1650 z	680	070 z	213
1748 z	870	099	229
2340	975	151	234 z
2733	1095	157 z	281 z
3805	1406 K	176 z	355 z
3824	1592	181 z	434 z
4035	1899	185	808
	1918	222	809
	2179	301	811 z
	2185	303	
	2241	318	
	2515	489	
	2987 z	492	
	2992	493 z	
	2994		

Lok 50 975 mit Riggenbach Gegendruckbremse, zur Verfügung des BZA München
Z = von der Ausbesserung zurückgestellt (Ausmusterung [+] demnächst)
K = Kabinentender

Der schüchterne Junglokspäher stand zuerst eine Zeitlang auf dem obersten Absatz der Treppe, um dann mit wachsendem Mut Schritt für Schritt den Weg nach unten zu finden. Da keiner der passierenden »Bediensteten« kritische Worte fallen ließ, konnte man sich zunehmend entspannter um die eigentliche Arbeit kümmern, dem Fotografieren und dem Aufschreiben von Loknummern. Dieser Ort war nun auch die Begegnungsstätte mit anderen Spinnern, die es offen-

Bw München Ost

50	078	64	151	94	1038
	508		242		1053
	676		252 z		1134
	690		254 z		1184
	1169		255 z		1548 z
	1211		258		1550
	1481		284		1681
	1686		340		
	2872		343		
	2906		357		
	2911 z		451		

sichtlich doch gab. Nach zuerst wortloser Musterung des Anderen war dann bald das Eis gebrochen und schnell war eine neue Informationsquelle (welche Loks fahren wann wo) angezapft. Bald stellte sich heraus, daß auch Jugendliche aus der eigenen Schule oder aus der Nachbarschaft demselben Hobby frönten. So manche Freundschaft wurde hier geknüpft.

Im Sommer 1965 tauchten die in Treuchtlingen arbeitslos gewordenen Einheitslokomotiven der Reihe 01 in München auf. Das Personal der Mühldorfer 01 168 beobachtet den Späher bei seiner Arbeit.

Überraschungen im Bw München Ost

Der Fahrplanwechsel im Frühjahr 1965 brachte dann einige Veränderungen mit sich, die im Kreis der Eisenbahnfreunde für Aufregung sorgten: In München waren überraschend 01er zu sehen! Die Loks mit den Betriebsnummern 01 052, 090, 102, 168 und 240 (ex 02 008) waren beschriftet mit BD München, Bw Mühldorf. Dafür verschwanden die Mühldorfer P 8 (BR 38[10]), was aber verschmerzt werden konnte, da wir ja noch die Münchner und die Lindauer P 8-Maschinen beobachten konnten. Der Einsatz der hochwertigen Loks im eher untergeordneten Personen- und Eilzugdienst auf der Mühldorfer Strecke war das Resultat der Elektrifizierung der Strecke Ingolstadt–Würzburg. Das Dampf-Bw Treuchtlingen verlor damit seine Existenzberechtigung und für seine schweren Maschinen mußten neue Aufgaben gesucht werden.

Nun verlagerte sich das Interesse immer mehr nach München-Ost. Es kursierten Parolen, daß da noch andere Loks zu sehen wären, die wir im Bw Hbf nie vor die Linse bekamen. Also wurde im Sommer 1965 immer öfter die wesentlich längere Route mit dem Fahrrad (ca. 1 Stunde einfach) nach MOP und MOR (Mü-Ost Pbf/Rbf) eingeschlagen. Die nicht elektrifizierten östlichen Vorortstrecken wurden damals noch häufig mit dampfbespannten Personenzügen (BR 64) bedient. Im Rangierbahnhof wurden die E 91 im Bergdienst (wie auch in Mü-Laim) eingesetzt. Daneben waren im schweren Rangierdienst preußische T 16[1] (DRB Baureihe 94[5]) zu sehen. Die Güterzüge in Richtung Rosenheim waren überwiegend mit der E 94 bespannt; die Güterzüge von und nach Mühldorf fuhren mit 50ern der Bw Mühldorf und München-Ost - und einmal war da eine 44er zu sehen!

Das Foto dieser 44 108, die erste 44 die ich in meinem Leben sah, hatte ich vor Aufregung mit nur 1/50 Sekunde Belichtungszeit verwackelt. Also mußte ich erneut in den Osten, um zu erforschen, was es mit der 44 auf sich hatte. Das Bw Ost war nicht so bequem einzusehen wie das Bw Hbf. Um die Anlage führte ein Holzzaun, der nicht so einfach zu überwinden war. Der Pförtner war eher grantig und pflegte die störenden Lokspäher abzuwimmeln: »Niemand hat Zeit für eine Führung!«

Es blieb nur noch eine Möglichkeit: Das Bw-Gelände war in westlicher Richtung von den Fernbahngeleisen in Richtung Rosenheim - (Kufstein/Salzburg) begrenzt. Also mußte man sich von dieser Seite her einschleichen. Nach dem Abwarten eines Schnellzuges und vielleicht auch noch eines Gegenzuges (meistens mit E 18 oder E 16) wurden schnell die Geleise überquert. Vom Bw her war Sichtschutz durch eine lange Reihe ausgemusterter Dampfloks der Reihen 50, 64 und 94[5] gegeben. Nach Überwindung dieser Barriere war man dann auf Höhe der Bekohlungsanlage und man konnte aus der Perspektive der Bunkerkohle mit einem relativ guten Überblick das Geschehen im Bw beobachten.

Das Betriebswerk München Ost war moderner als das Bw Hbf. Im Zentrum der Anlage befand sich ein großer Rechteckschuppen mit seitlicher Zufahrt zu einer Schiebebühne. Zum Süden hin mündeten die Schuppentore in eine Gleisharfe, die überwiegend mit Elloks der Baureihen E 44, E 50, E 75 und E 94 und mit Triebwagen ET/ES 85 belegt waren; eine zentrale Drehscheibe schloß den Bw-Bereich in Richtung Pbf ab.

Die Dampfloks waren in der Nähe der Bekohlungsanlage abgestellt oder sie wurden über die Schiebebühne in den Schuppenbauch befördert. Und da stand sie, die 44er! Nein, da waren ja noch zwei! Außer der 44 108 schrieb ich noch die Nummern 44 779 und 44 1037 in mein Notizbuch. Anschrift: Bw München Ost.

Wie später zu erfahren war, stammten diese 44er auch aus Treuchtlingen. In München wußte man aber nichts rechtes mit diesen schweren Maschinen anzufangen. So waren sie dann auch ebenso schnell wieder verschwunden, wie sie im Frühjahr erschienen waren. Die 50 549 aus Treuchtlingen konnte sich aber in München-Ost halten.

45 023 (Bw München Hbf) am 6.7. 1965 in München-Mittersendling. Während der Verkehrsausstellung waren viele Sonderleistungen zu fahren. Wegen Triebfahrzeugmangel half in dieser Zeit die BZA-Lok im Plandienst aus.
Foto: W. Sahm

Im Juni 1965 kursierte ein neues Gerücht: Im Bw Ost steht eine 45er! Wieder einmal mußten meine Lehrer ohne meine Hausaufgaben auskommen und in Rekordzeit radelte ich zum Bw Ost. Und tatsächlich, auf einem Abstellgleis am nördlichen Rand der Anlage stand dieser Riese mit der Nummer 45 023. Die gut unterrichteten Lokspäherkreise, zu denen ich mich natürlich zählte, wußten, daß solche Loks in Minden bei der Versuchsanstalt eingesetzt werden. Um so größer war dann die Überraschung, als ich das Schild am Führerhaus las: Bw München Hbf!!

Diese Lok konnte in der Folgezeit mit viel Glück im Münchner Raum in Betrieb erlebt werden. Meistens wurde sie, wie auch die 50 975, für das BZA als Bremslokomotive bei Testfahrten für neue Triebfahrzeuge eingesetzt. Lokspäher wie Walter Sahm, die direkt neben den Gleisen wohnten, konnten sie manchmal sogar vor Zügen des öffentlichen Verkehrs erleben und fotografieren.

Auch Loks, die es eigentlich gar nicht mehr gab, tauchten plötzlich im Bw Mü-Ost auf. So die 70 083, eine ehemalige bayerische Pt2/3. Für Filmaufnahmen wurde dieser Veteran (äußerlich) hergerichtet. Als ich einmal die Chance einer offiziellen Bw-Besichtigung bekam (der grantige Pförtner war wohl im Urlaub), konnte diese Rarität abgelichtet werden. Nach langjährigem Verbleib als Denkmallok in Mühldorf soll sie heute wieder betriebsfähig (mit Ölfeuerung) restauriert werden.

Wegen Spionage verhaftet

Nachdem der heimatliche Bahnbetrieb einigermaßen erkundet war, wuchs der Wunsch, jenseits der Grenzen der oberbayerischen Heimat dem Hobby nachzugehen. Zu gerne hätte ich einmal eine 55^{25}, eine 01^{10}, eine 41 oder eine 24 gesehen, oder gar eine Lok mit Ölfeuerung! Da ich nun schon 16 Jahre alt geworden war, traute ich mir solche Expeditionen in das preußische Eisenbahn-Wunderland zu. Meine Eltern waren natürlich skeptischer – zumindest ein Übernachtungs-Stützpunkt bei Bekannten sollte gewährleistet sein.

41 174 gehörte zu den letzten kohlegefeuerten Loks der Baureihe 41 bei der DB. Stationiert beim Bw Duisburg-Wedau (Bild mit 55 3788) wurden im Sommer 1967 noch Sg-Leistungen bis Aachen gefahren. Die elektrischen Nachfolger der Baureihe E 40 machten sich schon im Bw breit. Aufnahme Juli 1967.

Damit waren den Höhenflügen der Phantasie natürlich die Flügel gestutzt. Traumziele wie Hamburg, Berlin oder die »Ostzone« waren also nicht zu realisieren. Aber glücklicherweise bestanden verwandtschaftliche Beziehungen zum Niederrhein. Metropolen wie die Städte des Ruhrgebietes oder Köln konnten somit erreicht werden.

Am 26. Juli 1965 bestieg ich in München einen D-Zug nach Dortmund, der damals natürlich mit einer blauen E 10[1] bespannt war. Meine erste große Reise – alleine! Ich war sehr gespannt, mein Notizbuch für die Registrierung der erspähten Loks ließ ich kaum aus der Hand. Zwischen München Hbf und Duisburg Hbf, wo ich nach Krefeld-Uerdingen umsteigen mußte und wo mich bereits die Verwandten in Empfang nahmen, notierte ich folgende Dampfloks:

Loknummer	Heimat-Bw	wo gesehen
50 2863 K	Augsburg	Augsburg Hbf
50 2689	Mannheim	Heidelberg Hbf
50 2384	Darmstadt	Darmstadt Hbf
23 070	Kaiserslautern	Mainz Hbf
23 064	Kaiserslautern	Mainz Hbf
01 073	Trier	Koblenz Hbf
50 374	Köln-Eifeltor	Köln-Eifeltor
50 805	Düren	Köln-Eifeltor
78 062	Euskirchen	Köln-Deutz

K = Kabinentender
W = Wannentender (Kriegsbauart)

Bei der Vorbeifahrt in Leverkusen brach bereits die Nacht herein, um so mehr beeindruckte mich das riesige beleuchtete BAYER-Kreuz über der Chemie-Fabrik. Damploksichtungen wurden an diesem Tag wegen der Nacht oder wegen der nun schon zunehmenden Müdigkeit nicht mehr notiert. In Richtung Krefeld beförderte uns ein Personenzug mit einer Dortmunder E 41.

»Wenn du Eisenbahnfreund bist, mußt du unbedingt nach Hohenbudberg!« rieten mir die freundlichen Menschen in meiner neuen Umgebung.
Aber wo ist Hohenbudberg?
Hohenbudberg ist ein Ort, den man kaum auf einem Schulatlas oder einer Straßenkarte findet. So wie Einsiedlerhof, Gremberg, Kirchweyhe oder Kornwestheim handelt es sich um die Bezeichnung eines herausragenden Knotenpunktes in der Logistik des deutschen Bahn-Güterverkehrs (der damaligen Zeit). Linksrheinisch zwischen Krefeld-Uerdingen und Rheinhausen an der Strecke Krefeld–Duisburg erstreckte sich ein riesiger Rangierbahnhof mit einem Bahnbetriebswerk, das wie eine Insel im Zentrum der Anlage zwischen mehreren Ablaufbergen herausragte. Durch den darüberliegenden Rauchpilz war das Werk schon von Weitem erkennbar. Heute verfällt dieses Areal: Durch Strukturveränderungen im Wirtschaftsstandort Ruhrgebiet und in den Zugläufen der Bahn ist dieser Rangierbahnhof überflüssig geworden.
Schnell war ein Fahrrad ausgeliehen und bei erst diesigem Wetter fand ich den Weg durch die Anlagen der miefigen Chemiefabrik Bayer-Uerdingen zum Gelände des Rangierbahnhofs. Schon hörte ich den Auspuffschlag einer Dampflok! Durch einen Fußgängertunnel beim DB-Haltepunkt Hohenbudberg-Bayerwerk gelangte ich in eine günstige Spähposition in der Nähe des dominierenden Gebäudes des Stellwerks HWF (Hohenbudberg-West). Da dampfte sie langsam mit einer langen Schlange leerer Kohlenwagen an mir vorbei, die erste 55er, die ich in meinem Leben zu Gesicht bekam! Gerade lockerte sich der Nebel vom nahen Fluß etwas auf. Das erste Foto gelang – 55 4769 BD Köln, Bw Hohenbudberg.

Nachdem sich die Aufregung etwas gelegt hatte, konnte ich mir den Standpunkt etwas genauer betrachten.
Ich bemerkte, daß zumindest der Teil des Rangierbahnhofs im Bereich von HWF elektrifiziert war – schon näherte sich ein Güterzug mit vielen Privat-Kesselwagen der Bayer AG bespannt mit einer E 40 vom Bw Köln-Deutzerfeld. In kurzen Zeitabständen kam ein Güterzug nach dem anderen, dazwischen immer die Rangierbewegungen. In der nächsten Viertelstunde machte ich die folgenden Dampflok-Eintragungen:

Loknummer	Heimat-Bw
50 1299 K	Köln-Eifeltor
50 2785	Köln-Eifeltor
50 1024 K	Hohenbudberg
50 105 K	Hohenbudberg
94 1572	Hohenbudberg
50 2493 K	Hohenbudberg
55 5562	Hohenbudberg
38 2020	Mönchengladbach

Der Rauchpilz über dem Bw zog mich magisch an. Also machte ich mich auf den Weg entlang der Wagenschlange, die von der 94 1572 über den Berg vor der Bw-Anlage gedrückt wurde. Durch einen Tunnel gelangte ich ins Bw-Gelände und von dort geradewegs zur Lokleitung. Hier passierte mir etwas, was ich im »Norden« noch öfters erleben sollte. Als ich höflich anfragte, ob ich wohl das Bw besichtigen dürfte, erkannte der Beamte sofort, daß ich aus dem Süden stammte (Österreich, oder Bayern oder … ?). Damit waren die Türen geöffnet. Die Beamten verstanden nicht, wie jemand, der in einer so schönen Urlaubsgegend zu Hause war, ausgerechnet seine Ferien am Niederrhein verbringen wollte – unter stinkenden Dampfloks!
Im dunklen Schuppen, einer Rechteckhalle mit Schiebebühne, waren natürlich Exemplare der in Hohenbudberg beheimateten Baureihen anzutreffen: Preußische G 8^1 (55^{25}) und T 16^1 (94^5) und die 50er. Mein Begleiter vom Bw wollte mich aber wieder hinaus aufs Freigelände führen: »Da stehen noch ein paar ausgemusterte Maschinen aus dem Direktionsbezirk, das wird Dich sicher interessieren!«.
Auf einem verrosteten Abstellgeleise standen sie da, die meisten noch mit Nummernschildern geschmückt.
Die 24er (mit aufgemalter Nummer) und die 74er fanden selbstverständlich mein besonderes Interesse. Auf meine Frage, ob es in Rheydt noch aktive 24er gebe, konnte mein Begleiter mit einem »viel-

Loknummer	Heimat-Bw
78 269	Hohenbudberg
78 170	Köln-Deutzerfeld
55 3024	Neuß
55 3700	Hohenbudberg
55 4173	Düren
50 1695	Aachen West
38 3284	Mönchengladbach
24 054	Rheydt
74 1212	Düren

leicht« das Ziel einer meiner nächsten Expeditionen schon festlegen. Aber bezüglich der T 12 konnte er mir keine Hoffnung machen.

»Das war, glaube ich, die letzte in Düren. Wenn Du möchtest, kannst Du dir ja das Nummernschild mitnehmen!«
Ich glaubte nicht recht zu hören! Das Schild 74 1212 könnte ich abschrauben und mitnehmen? Eine unglaubliche Situation – der Bahnbeamte half mir auch noch einen passenden Schraubenschlüssel aufzutreiben. Schnell war das Schild von der Rückseite der Lok entfernt; das Schild von der Rauchkammertür hatte wohl schon einen anderen Liebhaber gefunden. Mit dem Schild in der Hand fiel mein Blick nun auf eine weitere Kolonne abgestellter Lokomotiven. Das waren 56er (pr. G8[1] Umbau, DRB Baureihe 56$^{2-8}$)!

»Aber von denen kriegst Du kein Schild, die sind nämlich noch nicht ausgemustert«
Beim Notieren der Nummern merkte ich, daß meine Hände von dem 74er-Schild ganz schwarz geworden sind. Der Eintrag ins Notizbuch war dann auch entsprechend »geschmückt«: 56 871, 753, 219 und 604, alle Bw Krefeld.
Mein Begleiter besorgte mir Putzwolle um Schild und Hände zumindest oberflächlich zu reinigen. Das Notieren der Lokomotiven des Betriebsgeschehens konnte so wieder leserlicher erfolgen:

Loknummer	Heimat-Bw
50 3047	Hohenbudberg
50 242 K	Hohenbudberg
50 2996 K	Hohenbudberg
50 643	Aachen West
50 2900	Oberhausen-Osterfeld-Süd
50 220 K	Hohenbudberg
50 1338 K	Hohenbudberg
50 1694	Aachen West
50 260 K	Hohenbudberg
50 981 K	Hohenbudberg
50 3143 W	Gremberg
55 4695	Hohenbudberg
50 2607 K	Köln-Eifeltor

Auffällig ist die Häufigkeit von Loks aus der BD Köln, was bedeutet, daß auch die Züge von und nach Zielen in der BD Essen überwiegend mit Kölner Loks bespannt wurden. Der östliche Teil des Rangierbahnhofs war noch nicht elektrifiziert bzw. befand sich gerade im Umbau; elektrischer Betrieb in die BD Essen spielte also noch keine Rolle. Bei einem späterer Besuch im Bereich des Stellwerks HOF (Rangierbahnhof Hohenbudberg Ost) wäre dieser Betrieb noch weiter zu erkunden.

Nach diesem Erlebnis radelte ich wieder zurück nach HWF, das Schild in Zeitungspapier und Putzwolle gut auf dem Gepäckträger untergebracht. Sollte ich meine heutige Spähexpedition abbrechen? Die Vorbeifahrt eines Güterzuges mit Zuglok 41 331 vom Bw Wanne-Eickel hat die Frage dann beantwortet. Eine 41! Meine erste 41! Eine kohlegefeuerte, neubekesselte Maschine mit einem Eilgüterzug! Mit meinem Schild auf dem Gepäckträger wollte ich schon dem Zug nachfahren, er verschwand aber schnell im Gleisgewirr des Bahnhofs. Keine Chance.

Also blieb ich noch beim Stellwerk HWF, genoß das Erlebte und beobachtete die 55er der Rangierabteilung. Vorbei zogen die 94 1001 (was für eine tolle Nummer!) und weitere 50er aus Neuß (1546 K), Aachen West (1358) und Hohenbudberg (1745).

Zuerst bemerkte ich nicht, daß eine Person auf mich zukam. Denn immer wieder überqueren Menschen den Bretterübergang über die Einfahrgleise beim Stellwerk – neben dem Stellwerk war auch noch ein weiteres, eingeschössiges Gebäude, das wie eine Art Kantine aussah.
»Was machen Sie da!?« Ich erschrak, denn ich rechnete nicht damit, so barsch angesprochen zu werden. »Ich? Nichts, äh, ich schau mir den Betrieb hier an«, erwiderte ich stammelnd. »Und was schreiben Sie da, was fotografieren Sie« fragte mich weiter dieser Mensch, der sich in seinem Verhalten sehr stark von den freundlichen Beamten vom Bw unterschied. »Ich bin Lokspäher, mir gefallen die Dampfloks, besonders die, die es bei uns daheim nicht gibt«, versuchte ich zu erklären. »Dann kommen Sie mal mit!« war seine Antwort und ich spürte seine Hand auf meiner Schulter. »Dort, rüber zur Wache« drängte er mich zur Tür im Jägerzaun, die den Weg vom Betriebsgelände abteilte.
In meinem Kopf überschlugen sich die Gedanken: Bahnpolizei – das 74er-Schild – was wird aus dem Fahrrad – wohin bringt man mich? Ich registrierte kaum die Zuglok des Güterzugs, den wir abwarten mußten um die Geleise zum Stellwerk zu überqueren. Schließlich wurde ich in einen Raum der »Kantine« geführt, der als Wachraum der Bahnpolizei diente.

Zwei weitere Männer kümmerten sich nun um mich. Das Notizbuch wurde mir weggenommen und von den Männern inspiziert. Ich dachte an mein Fahrrad am Jägerzaun und an das verpackte Schild. »Was sind das für Nummern?«
Langsam faßte ich mich wieder. Ich erklärte, daß es sich um die Nummern handelte, die an den Lokomotiven angeschrieben sind. »Wenn die Nummern ein Geheimnis wären, dann wären sie doch sicher nicht so gut sichtbar an den Loks angebracht.« Die Männer murmelten. »Und warum fotografieren Sie?«. »Weil mir die Loks gut gefallen«.

Schließlich wurde die Katze aus dem Sack gelassen. »Haben Sie Verwandte in der Zone?« Ich verneinte und mir wurde schnell klar, wie ich weiter zu argumentieren hatte. Ich fühlte mich nun sicherer, es ging nicht um das 74er Schild.

»Die Loks, die ich hier fotografiere, gibt es auch im Osten. Das sind Loks der alten Reichsbahn und die gibt es überall in Deutschland, das ist nichts besonderes.« Die Männer murmelten wieder während mir ein weiteres Argument für meine Verteidigung einfiel. »Da gibt es ein Heft von der Bundesbahn für Jugendliche, das an den Schulen verteilt wird. Da steht drin, daß die Jugendlichen zu Freunden der Bahn werden können, indem sie Lokspäher werden und dann können sie sich in einem Pfiff-Klub über Lokomotiven unterhalten.« So oder so ähnlich versuchte ich den Bahnpolizisten die Ideologie der Zeitschrift PFIFF näherzubringen.

Nachdem das Wort PFIFF gefallen war, entspannte sich die Runde sichtlich. Ein Beamter fragte mich: »Sind Sie vielleicht auch bei so einem Pfiffi-Klub«. Ich bejahte zögernd, worauf einem der Männer die Idee kam, bei der Direktion in Köln nachzufragen. Nach vielem Telefonieren hatte man dann jemand in der Direktion erreicht, der tatsächlich wußte, was ein Pfiff-Klub ist. Mit etwas betretenen Mienen wurde ich dann entlassen. Man entschuldigte sich noch kleinlaut, daß man wegen der vielen Ost-Spione auf der Hut sein müsse.

Glücklich wieder bei meinem Fahrrad mit dem unversehrten Paket angekommen, war ich dann froh, den Ausläufern des kalten Krieges entkommen zu sein.

Die letzte 24er der DB

*N*ach meinem ersten Tag in Hohenbudberg plante ich die nächste Unternehmung. Sollte ich zunächst den östlichen Teil des Rbf erkunden, oder mich lieber auf die Suche nach eventuell noch betriebsfähigen Loks der Baureihe 24 machen? Das Projekt 24 gewann. Am nächsten sonnigen Tag (5.8.65), von denen es am Niederrhein anscheinend nicht so viele gibt, kaufte ich mir in Krefeld-Uerdingen eine Fahrkarte nach Mönchengladbach. Dort hoffte ich neben interessanten Späherlebnissen weitere Informationen über den Verbleib der 24 zu erhalten.

Der Nahverkehrszug über Krefeld fuhr elektrisch (E41 von Dortmund). Bei der Einfahrt in den Hauptbahnhof von Mönchengladbach konnte man schon den Ringschuppen des Betriebswerkes mit einigen Dampfloks sehen. Der Rauchpilz über der Anlage war für die damalige Zeit nichts besonderes. Wenn ich mich nicht täuschte, standen da Schnellzugloks der Baureihe 03^0 und 23er! Schon wuchs der Jagdeifer in mir - außer auf Fotos hatte ich bisher noch nie eine 03 gesehen.

Die mächtige Hallenkonstruktion des Bahnhofs war nun die Kulisse für einig Fotos von Loks der Baureihe 01^0, 03^0, 23 und 38^{10}, die Personenzüge in Richtung Aachen, Köln, Düsseldorf und Venlo bespannten. Güterzüge aus allen Richtungen fuhren durch die Halle mit viel Rauch, Dampf und Getöse. Eine Köf III war die einzige Diesellok weit und breit. Ab und zu erschien eine Ellok (E 10^1, E 41) vor den Personenzügen der elektrifizierten Strecke in/aus Richtung Krefeld oder ein ETA 150 aus Düren. Es gab so viel zu sehen, daß ich die 24 vergaß (Tabelle Seite 32).
Als meine Blicke in einer Betriebspause über das Gleisvorfeld schweiften, sah ich in der Ferne eine Rangierabteilung mit einer Dampflok, die mit dem Verschub von Postwagen beschäftigt war. Die

Loknummer	Heimat-Bw
50 1460	Hohenbudberg
50 1358	Aachen West
41 354 Altbaukessel	Wanne-Eickel
50 1031 K	Neuß
41 114 Altbaukessel	Wanne-Eickel
01 215 Altbaukessel	Köln-Deutzerfeld
38 2577	Mönchengladbach
03 268	Köln-Deutzerfeld
01 064 Altbaukessel	Köln-Deutzerfeld
03 276	Köln-Deutzerfeld
41 101 Altbaukessel	Köln-Eifeltor
23 040	Mönchengladbach
50 212 K	Hohenbudberg
23 043	Mönchengladbach
50 2862 K	Hohenbudberg
50 532 K	Wuppertal-Vohwinkel
03 291	Köln-Deutzerfeld
03 111	Mönchengladbach
23 038	Mönchengladbach
50 2920 K	Köln-Eifeltor
38 2020	Mönchengladbach
55 2775	Rheydt
23 039	Mönchengladbach
50 744	Aachen West

Lok war ungefähr so groß wie eine 55er, hatte aber höhere Räder. Das ist eine 24! Bevor ich die Beobachtung richtig verdaute, war das feine Rauchfähnchen mit der kleinen Lok und den grünen Wagen in der Ferne verschwunden. Wie sollte ich ihr ohne Fahrrad folgen?

Die Befragung von Bahnpersonal war zuerst nicht ergiebig. Ein Bediensteter meinte, daß er wohl schon mal so eine Lok gesehen hatte, wohin diese fuhr und woher sie kam, wußte er aber nicht. Ein Lok-

Mit Volldampf in den Winter: 78 222 (Bw München Hbf) verläßt im Februar 1967 München-Mittersendling.

38 2602 (Bw Mühldorf) und 78 303 (Bw München Hbf) vor dem Haus 5 des Bw München Hbf, Oktober 1964.

Rechte Seite oben: 94 1053 (Bw München Ost) im Rangierbahnhof München-Ost, Mai 1967.

Rechte Seite unten: 18 630 (Bw Lindau) in der Einfahrt zum Bw München Hbf unter der Donnersberger Brücke, Februar 1965.

03 268 (Bw Köln-Deutzerfeld) und 23 040 (Bw Mönchengladbach) stehen im August 1965 abfahrbereit in Mönchengladbach Hbf.

Linke Seite oben: 55 3440 war in Hohenbudberg beheimatet. Im Juli 1967 rangiert sie im Werksanschlußgleis der BAYER AG in Krefeld-Uerdingen.

Linke Seite unten: 41 301 (Bw Köln Eifeltor) fährt mit einem Ganzzug beim Stellwerk Hwf in den Rangierbahnhof Hohenbudberg ein.

24 067, die letzte 24er der DB, war im August 1965 im Heimat-Bw Rheydt vor der 55 2581 anzutreffen.

Rechte Seite oben: 65 017 (Bw Essen Hbf) steht mit ihrem Wendezug nach Essen (über Kettwig) abfahrbereit in Düsseldorf Hbf. Der Zug wird geschoben, August 1965.

Rechte Seite unten: Viel Dampf bot das Bw Köln-Deutzerfeld: Neben 39 009 (Bw Jünkerath) warten auch 03 285 (Bw Deutzerfeld), 78 275 (Bw Düren) und 41 112 (Bw Kassel) auf den nächsten Einsatz.

Späherglück! Eine Begenung der besonderen Art war das Zusammentreffen mit der badischen IV h. Im August 1965 zieht der Renner von der LVA Minden einen Versuchszug durch Hohenbudberg.

führer einer 23 bestätigte die Informationen, die ich bereits auf dem Schrottplatz vom Bw Hohenbudberg erhalten hatte, daß nämlich so eine 24er wahrscheinlich zum Bw Rheydt gehöre. Weiter meinte er: »Das Bw Rheydt ist ein kleines Betriebswerk, das die Umgebung mit Rangierlokomotiven versorgt, hauptsächlich mit 55er. Fahr doch mal hin, vielleicht findest Du da eine 24er!«

Ich war jetzt ziemlich sicher, auf keine Fata-Morgana hereingefallen zu sein. Aber wenn die gesehene Lok die einzige betriebsfähige 24er war, wäre es sinnlos, jetzt nach Rheydt zu fahren, denn die Maschine war ja unterwegs. Außerdem war es schon reichlich spät. Also nahm ich mir vor, am nächsten Tag wieder nach Mönchengladbach und weiter bis Rheydt zu fahren. Vielleicht hatte ich Glück.

Am 6. August 1965 fuhr ich wieder elektrisch (E 41) nach Mönchengladbach und weiter mit einem Eilzug in Richtung Aachen, der mit 03 077 vom Bw Deutzerfeld bespannt war. Nur kurz genoß ich die Fahrt im ersten Wagen hinter der Schnellzuglok, mein Ziel war schnell erreicht. Als ich im Bahnhof von Rheydt ausstieg war das Wetter leider wieder diesig. »Da gibts wohl keine so tollen Fotos,« dachte ich. Erste Frage war natürlich: »Wie komme ich zum Bw?«

Ein längerer Fußmarsch zum begehrten Ziel konnte meinen Jagdtrieb nicht bremsen. Es handelte sich wirklich um ein sehr kleines Bw, dessen Drehscheibe mit der Hand von einem türkischen Bediensteten bewegt wurde. Nachdem er eine 55er für mich in eine fotogene Stellung gedreht hatte, zeigte er mir die Lokleitung, denn ich wollte mich ordnungsgemäß anmelden. Der etwas schläfrige Beamte in dem eher heruntergekommenen Dienstraum antwortete mir auf die mich einzig interessierenden Frage im Kölner Dialekt: »Wat ihr all' mit de' 24er habt!« Er meinte, daß in Rheydt noch eine stationiert sei, die manchmal eingesetzt werde, z.B. gestern. Heute sei sie abgestellt und wir könnten mal hingehen.

Zwischen weiteren 55ern sah ich sie dann schon von Ferne und mein Blutdruck erhöhte sich. Die Lok mit der Betriebsnummer 24 067 hatte die kleinen Witte-Bleche und sah damit gegenüber dem gewohnten Bild der 24er-Modellbahn-Loks verändert aus. Ein Fa-

Auf der Drehscheibe des Bw Rheydt wird 55 3029 mit Muskelkraft in die Fotoposition gedreht. August 1965.

brikschild hatte sie auch noch: Henschel 1931. Der eher gräuliche Gesamteindruck harmonierte mit dem Wetter. Hinter der 24 abgestellt war die 55 2581, damals wohl eine der ältesten DB-Loks. Eine brüchige Ziegelmauer bildete den Hintergrund für das Fotomotiv. Ein liebevoll gepflegter Kleingarten mit unnatürlich grün wirkendem Gras im Vordergrund sollte ein Farbfoto rechtfertigen. Konnte ich dieses Bild mit Stolz meinen Münchner Freunden zeigen?

Vor meinem Abschied vom Bw Rheydt, das mit der bald einsetzenden großräumigen Elektrifizierung und Verdieselung keine große Zukunft mehr hatte, notierte ich noch die Nummern der besichtigten Maschinen (Tabelle Seite 43).
In dem Buch »Die Baureihe 24« (Hansjürgen Wenzel, Freiburg 1979) konnte ich lesen, daß die 24 067, die letzte Lok dieser Baureihe bei der DB, seit 21. 3. 1963 in Rheydt stationiert war und dort am 22. 5. 1966 Z-gestellt bzw. ausgemustert wurde. Die in Hohenbudberg gesehene 24 054 war in Rheydt bis zum 13. 5. 65 in Betrieb.

Loknummer	Heimat-Bw
55 3029	Rheydt
50 739 K	Hohenbudberg
55 2594	Rheydt
24 067	Rheydt
55 2581	Rheydt
50 1659 K	Hohenbudberg
55 2899	Rheydt
55 4953	Rheydt
50 1694	Aachen West
55 2798	Rheydt
55 4856	Rheydt
50 1087	Hohenbudberg

Zitat aus diesem Buch: »In Rheydt verdankte die 24 ihr verhältnismäßig langes Leben der Speisewasserinnenaufbereitung und der dadurch möglichen Verlängerung der Kesselfristen sowie einem sparsamen Zugförderungsdezernenten, der für jede Lok, solange sie noch fuhr, eben eine ihr passende Aufgabe fand.«

Treffen mit einer badischen IVh

Am 17.8. 65 wurde dann das Spähprojekt »Hohenbudberg-Ost« in Angriff genommen. Zuerst fuhr ich mit dem Fahrrad über die Betriebsstelle HWF in Richtung Bw, eine Strecke, die ich vom Tag meiner Verhaftung her schon kannte. Der Weg führte vorbei an einer alten, grauen Siedlung mit ein paar Häusern und einem Wasserturm, die dem Rbf wohl den Namen gegeben hatte. Am Nord-Ost Ende des Geländes angekommen, mündete der Radweg in eine kleine Straße, die mit einer Gitterbrücke die Bahngeleise überquerte – ein hervorragender Standpunkt zum fotografieren!

Die schon bekannte 94 1001 hatte gerade neben weiteren 94ern Rangierdienst in diesem Teil des Bahnhofs. Die Ausfahrgeleise Richtung Moers und Rheinhausen kreuzten sich unter der Straßenbrücke, die Fernbahnstrecke Krefeld–Duisburg wurde unterfahren. Den Betrieb beherrschte das mächtigen Stellwerk »HOF«. Die ersten Oberleitungsmasten waren schon aufgestellt und einige Hochseilakrobaten konnte ich bei Ihrer gefährlichen Arbeit bewundern.

Nachdem ich in den letzten Wochen von überraschenden Späherlebnissen verwöhnt wurde, rechnete ich an diesem Tag mit keinen umwerfenden Ereignissen. Ich wollte zunächst erkunden, ob hier eine größere Zahl von Maschinen der BD Essen zu sehen wären.

Nach Vorbeifahrt der schon bekannten 50 242 (Bw Hohenbudberg) kroch dann aus Richtung Rheinhausen ein langer Güterzug mit Kohlenwagen in den Rbf – Zuglok 50 587, BD Essen, Bw Ruhrort Hafen. »Aha, jetzt kommen die Essener, wie vermutet«, dachte ich. Während ich mit der Notierung beschäftigt war, näherte sich aus Richtung

44 207 des Bw Gelsenkirchen-Bismarck rangiert in Hohenbudberg im Bereich des Stellwerks HOF. Im Sommer 1965 wurde der Rangierbahnhof gerade elektrifiziert.

Moers (nördliche Güter-Umgehungsbahn des Ruhrgebiets) ein schneller Zug mit leeren Otmm-Wagen, die in der milchigen Sonne wie auf einem Neuwagen-Prospekt glänzten. Was hat denn der für eine komische Lok? Schnell ein Foto! Ich brachte gerade noch die Kamera in Position und drückte ab, ohne vorher auf die optimale Einstellung geachtet zu haben. Und da brauste der Zug auch schon unter der Brücke durch: 18 323, Minden LVA!

Na, wenn das Foto was geworden ist! Ich schwang mich sofort aufs Rad und versuchte, dem Zug hinterherzufahren. Mit nun mäßiger Geschwindigkeit bewegte er sich auf den Durchfahrgeleisen entlang des nördlichen Randes des Rangierbahnhofs. Glücklicherweise blieb er kurz an einem Blocksignal stehen – unglücklicherweise war gerade die Sonne weg und ein Zug mit Flachwagen versperrte den Zugang. Tatsächlich, da stand sie, die badische Schönheit mit ihren 2100 mm hohen Kuppelrädern. Offenbar handelte es sich um einen Versuchszug, mit dem die Laufeigenschaften neuer Güterwagen getestet werden sollten. Bevor die Sonne wieder kam, setzte sich der Zug mit einem hellen Achtungspfiff in Bewegung und verschwand fast lautlos in Richtung HWF-Uerdingen.

Dieses völlig unerwartete Erlebnis ging mir noch lange nicht aus dem Kopf. Die Spannung steigerte sich noch, ich war bereits wieder in München, als die Post mit dem entwickelten Diafilm von der Umkehranstalt im Briefkasten lag. Wie durch ein Wunder war das Foto von der 18 323 einigermaßen geglückt!

Hier noch die Aufzeichnungen vom Nachmittag des 17.8.1965, Standpunkt Hohenbudberg, Stellwerk HOF:

Loknummer	Heimat-Bw
50 587	Ruhrort Hafen
18 323	Minden LVA
94 1360	Hohenbudberg
50 2212 K	Hohenbudberg
94 1572	Hohenbudberg
44 207	Gelsenkirchen-Bismarck
41 297 Neubaukessel	Wanne-Eickel
50 2454 K	Oberhausen Osterfeld Süd
50 2493 K	Hohenbudberg
50 2290 K	Hohenbudberg
50 1329 K	Hohenbudberg
50 185 K	Hohenbudberg

Rheinische Metropolen

*I*n der dritten Augustwoche wollte ich die Großstädte Düsseldorf und Köln besuchen. Von Uerdingen über Krefeld konnte man mit der Straßenbahn bis Düsseldorf fahren. Stationsnamen wie »Strümp-Weiche« oder »Lank-Latum« blieben mir, weil für bayerische Ohren ungewöhnlich, in Erinnerung. Natürlich gings dann sofort zum Hauptbahnhof. Der Betrieb war geprägt durch die elektrische Traktion: E 10 in blau, E 40 in grün und E 41 in blau (niedrige Nummern) und grün aus Dortmund, Hagen-Eckesey und Köln-Deutzerfeld. Die Triebwagenfreunde mögen es mir verzeihen, wenn ich rote ET 30 und ETA 150 nicht besonders erwähne. Zwischendurch war ab und zu einmal etwas schwarzes, rauchendes zu sehen:
Neben der 41 366, der 41 mit der höchsten Betriebsnummer, gefielen mir natürlich besonders die 1'D2' Tenderloks der Baureihe 65. Diese Loks bespannten Wendezüge auf der Strecke Essen–Düsseldorf über Kettwig (Kursbuchnummer 231).

Loknummer	Heimat-Bw
65 016	Essen Hbf
50 294	Düsseldorf-Derendorf
03 220	Köln-Deutzerfeld
41 244 Neubaukessel	Wanne-Fickel
50 2411 K	Düsseldorf-Derendorf
65 012	Essen Hbf
38 3656	Düren
41 366 Neubaukessel	Wanne-Eickel
65 017	Essen Hbf
50 2557 K	Düsseldorf-Derendorf
50 520	Gremberg

Von Köln, dem Ziel meiner nächsten Spähexpedition, erwartete ich mehr Dampfbetrieb. Ab Uerdingen fuhr ich also mit elektrisch bespannten Nahverkehrszügen mit Umsteigen in Krefeld Hbf über Neuß in die Domstadt. Auf der Fahrt und auf der Deutzer Brücke notierte ich die folgenden Dampfloks:

Loknummer	Heimat-Bw	wo gesehen
50 2493 K	Hohenbudberg	Krefeld-Uerdingen
50 2566	Neuß	Neuß
55 5216	Neuß	Neuß
50 1755 K	Köln-Eifeltor	Neuß
23 006	Siegen	Köln Hbf
50 1789	Euskirchen	Deutzer Brücke
41 112	Kassel	Deutzer Brücke
50 2785	Köln-Eifeltor	Deutzer Brücke
23 010	Siegen	Deutzer Brücke

Der mächtige Dom neben dem Bahnhof war für mich wohl beeindruckend, aber die Hohenzollern-Brücke nach Köln-Deutz war ein sehr starker Magnet, der mich mit seinem dichten Verkehr magisch anzog. In Köln-Deutz mußte ja auch das Betriebswerk sein! Dorthin wollte ich möglichst schnell!

Jetzt begann das schon bekannte Spiel »Befragung von Passanten«. »Bitteschön, wie komme ich zum Bw Deutzerfeld?« »Wat is Bewe?« »Entschuldigung, zum Betriebswerk der Bahn?« »Wat für'n Werk?« »Also, da rauchts, weil da viele Dampfloks sind«. »Jo, der Bahnhof Deutz is gleich da vorne!« Nach einigen weiteren Kreisläufen und Untertunnelungen im Straßen- und Interview-Labyrinth kam ich zum Ziel. Oh, Mann, der Aufwand hatte sich gelohnt! Da lag das Bw vor mir, gefüllt mit den Objekten der Begierde – und ich konnte einfach reingehen, ohne offizielle Anfrage. Die 41 112 mit Altbaukessel, die ich schon mit Zug auf der Brücke sah, kam gerade von der Bekohlung, daneben stand eine alte Bekannte, die ich schon in München traf, die vormals im Bw Kempten stationierte 39 009. Es gab viel zu fotografieren und aufzuschreiben:

Loknummer	Heimat-Bw
03 074	Mönchengladbach
38 3393	Köln-Deutzerfeld
03 072	Mönchengladbach
03 179	Köln-Deutzerfeld
01 073	Trier
78 295	Düren
39 198	Jünkerath
39 009	Jünkerath
50 201	Gremberg
39 143	Jünkerath
03 077	Köln-Deutzerfeld
03 285	Köln-Deutzerfeld
38 1810	Düren
03 248	Köln-Deutzerfeld
03 111	Mönchengladbach
03 291	Köln-Deutzerfeld

Beim Rückweg zum Hbf konnte ich mich dann schon besser orientieren. In Köln-Deutz-Tief, der unteren Etage einer zweistöckigen Bahnhofsanlage, beobachtete ich noch die Deutzerfelder 38 3155, die mit dem Rangieren von Autoreisezügen beschäftigt war. Wieder in Höhe der Brücke notierte ich dann noch die Eifeltorer 50 341, die Deutzerfelder 03 251 und die Mönchengladbacher 03 107.
Die vielen E 10, E 40, E 41 und V 100 blieben unprotokolliert, der Leser wird es dem Späher nachsehen. Erschöpft fuhr ich zurück nach Uerdingen, nicht ohne in Neuß noch die 55 5216 (Bw Neuß) und die 50 164 (Hohenbudberg) zu notieren.

Auf den Spuren des Öls

Noch hatte ich keine ölgefeuerte Dampflok zu Gesicht bekommen. Ich sollte wohl tiefer ins Ruhrgebiet vordringen. Vielleicht nach Wanne-Eickel, wo auch die Heimat meiner Lieblingslok, der 41er mit Neubaukessel, war? Hier geht ja auch die Strecke in Richtung Münster–Hamburg durch. Fährt hier die 01[10]? Von der Münchener Lokspäher-Informationsbörse wurde man doch relativ schlecht versorgt, wenn es um Gebiete nördlich des Weißwurstäquators ging.

Aus dem Kursbuch hatte ich mir einen Zug über Duisburg Hbf–Oberhausen–Gelsenkirchen herausgesucht. Die Fahrt im elektrisch (E 10) bepannten Eilzug ging sehr schnell durch die faszinierende Hütten- und Zechenlandschaft. Ich konnte nur die 50 386 und die 50 3045, letztere mit Wannentender, vom Bw Oberhausen-Osterfeld notieren. Als ich in Wanne-Eickel ausstieg, sah ich schon parallel zu den Bahnhofsgeleisen das Betriebswerk, das trotz der allgemein rauchigen und rußigen Atmosphäre noch durch einen extra Rauchpilz auf sich aufmerksam machte.

Die Luft war sehr schwül und stickig, es konnte sich ein Gewitter zusammenbrauen, aber am Himmel war wegen der starken Luftverschmutzung keine besondere Wolkenformation auszumachen.

Der Pförtner war sehr freundlich (auch hier der »Bayern-Effekt«) und so wurde ich schnell an die Lokleitung weitervermittelt. Ein Lokführer, der gerade Bereitschaftsdienst hatte, führte mich durch das Gelände und durch den Lokschuppen. Wie in München-Ost war die Anlage durch einen Rechteckschuppen mit Schiebebühne geprägt, nur größer und mit viel mehr Lokomotiven – aber ausschließlich Dampflokomotiven!

Im Freigelände stand eine 01, eine dreizylindrige mit Kohlefeuerung: 01 1099, Bw Osnabrück Hbf. Natürlich fragte ich meinen Begleiter: »Und wo fahren die ölgefeuerten 01[10]?«

Die Antwort war wie ein wertvolles Geschenk. »Die kommen hier mit den Hamburger Zügen durch«. Zögerlich schickte ich noch eine weitere Frage nach: »Gibt es hier auch Öl-41er?« Mein Gesprächspartner blickte suchend in die Runde und meinte, daß ab und zu wohl eine im Haus stehen würde. »Die kommen aus Kirchweyhe, das ist im Norden fast bei Bremen.«

Beim Rundgang durch den Schuppen schrieb ich einige Seiten in meinem Notizbuch voll, so viele Dampfloks auf einmal hatte ich noch nirgendwo sonst zuvor gesehen. Plötzlich standen wir vor einem Führerhaus mit der Beschilderung

41 245   BD Münster   Bw Kirchweyhe

»Da ist ja eine Öl-41er«. Mein Lok-Führer war sichtlich froh, daß er mir das gewünschte Objekt vorführen konnte. Glücklicherweise sollte die Maschine in wenigen Minuten den Dienst antreten und so wurde schon die Schiebebühne für die 41 245 bereitgestellt. Wir begleiteten die Lok nach draußen, ein Foto sollte möglich sein. Aber leider hatte sich die Smogbrühe zu gelblich grauem Dunst verdichtet, die Sonne kam kaum noch durch und die ersten Blitze zuckten. Über die schlechte Beleuchtung war ich sehr traurig. In diesem Moment war es so wie in vielen anderen Situationen beim Fotografieren, dem Hobby der verpaßten Möglichkeiten: Die Situation erscheint unwiederbringlich, die einzige Chance ist vertan! Natürlich konnte ich nicht erahnen, daß ich sechs Jahre später in den Betriebswerken Rheine und Emden von sehr vielen Öl-41ern umgeben sein würde.

Inzwischen ging ein Wolkenbruch auf uns nieder, der eine weitere Besichtigung des Freigeländes verhinderte. Ich verabschiedete mich von meinem Begleiter und versuchte möglichst trocken zum nahen Personenbahnhof zu kommen. Ein Blick auf den aushängenden Fahrplan zeigte mir die baldige Einfahrt zweier Schnellzüge von und nach Hamburg an. Unter dem Bahnsteigdach konnte ich trotz des Gewitters das Ereignis erwarten. Zuerst kam der D-Zug aus Hamburg mit der ölgefeuerten 01 1059, dann drei Gleise weiter der Schnellzug aus (Köln-) Essen bespannt mit der 01 1066, ebenfalls eine Öllok.

Während die großen Maschinen brummend mit bullernden Brennern am Bahnsteig auf den Abfahrtauftrag warteten, ließ der Regen nach und die Sonne spitzte kurz durch die Wolken. Das messingerne Nummernschild der 01 1059 mit seinen schönen spitzen Ziffern

Loknummer	Heimat-Bw
50 1861	Wanne-Eickel
94 1726	Wanne-Eickel
50 2451	Wanne-Eickel
01 1099 Kohle	Osnabrück Hbf
41 087 N	Wanne-Eickel
50 1254	Wanne-Eickel
78 069	Wanne-Eickel
41 245 N, Öl	Kirchweyhe
50 3156	Wanne-Eickel
55 4372	Duisburg-Wedau
41 366 N	Wanne-Eickel
50 2795	Wanne-Eickel
50 1244	Wanne-Eickel
41 361 N	Wanne-Eickel
41 236 Altbaukessel	Wanne-Eickel
41 045 Altbaukessel	Wanne-Eickel
94 1109	Wanne-Eickel
94 1110	Wanne-Eickel
94 1112	Wanne-Eickel
94 1584	Wanne-Eickel
50 1702	Wanne-Eickel
N = Neubaukessel	

leuchtete auf. Kurz hintereinander donnerten dann die beiden Züge aus dem Bahnhof. Nur die 01 1066 würde ich als 012 066 einige Jahre später wieder treffen.
Hier die Bilanz eines sehr ereignisreichen Tages:

Loknummer	Heimat-Bw
50 132	Wanne-Eickel
41 353 N	Wanne-Eickel
50 949	Wanne-Eickel
78 487	Wanne-Eickel
41 246 N	Wanne-Eickel
78 068	Wanne-Eickel
50 1068	Wanne-Eickel
94 1697	Wanne-Eickel
50 1873 K	Oberhausen-Osterfeld
50 008	Wanne-Eickel
50 894 K	Oberhausen-Osterfeld
50 1747	Wanne-Eickel
50 209 K	Wanne-Eickel
50 204	Duisburg-Wedau
50 1196	Dortmund Rbf
50 2789	Duisburg-Ruhrort
50 2275	Wanne-Eickel
01 1059 Öl	Osnabrück Hbf
78 383	Hagen-Eckesey
01 1066 Öl	Osnabrück Hbf
41 352 Altbaukessel	Köln-Eifeltor

Alte Preußen

*B*ei der Bahnfahrt von Krefeld-Uerdingen nach Duisburg, vorbei am Rbf Hohenbudberg und Rheinhausen (Kursbuchnummer 244), wird bei Duisburg-Hochfeld der Rhein mit einer mächtigen, nach dem Zweiten Weltkrieg neu errichteten Brücke, überquert. Von der alten Brücke zeugen noch die burgähnlichen Türme am westlichen Brückenportal, die mich an die Türme von Schachfiguren erinnerten. Gleich unterhalb der Fernbahngeleise am rechten Rheinufer erstreckte sich das Gelände des Güterbahnhofs Duisburg-Hochfeld-Süd (Anschluß des Mannesmann-Werks und der Duisburger Kupferhütte). Im August 1965 konnte ich bei der Vorbeifahrt oft 55er und 50er an dieser Stelle beobachten. Bis zum Hauptbahnhof Duisburg führte die Linie dann durch überwiegend verkrautetes Terrain. Zum Abschluß meines Besuchs am Niederrhein wollte ich den Duisburger Hauptbahnhof und auch das Bw näher kennenlernen.

Vom westlichsten Bahnsteig des Hauptbahnhof aus konnte man die Bewegungen in einem etwas entfernteren Güterbahnhof einsehen. Dort waren 41er, meistens aus Wanne-Eickel, mit der An- und Abfuhr von Expreßzügen, bestehend aus Post- und G-Wagen, zu beobachten. Im Pbf selbst ein Verkehr mit den üblichen Neubau-Elloks. Abwechslung brachten die TEE-Triebwagen (VT 11^5) sowie die Züge in Richtung Wesel–Emmerich–Arnhem (NS). Die wenigen Fernzüge dieser Linie waren mit V 200^0 (Bw Hamm-P), die Personenzüge mit 78ern des Bw Duisburg Hbf bespannt.

Nachdem mir ein Straßenzugang zum Bw Duisburg Hbf nicht bekannt war und dieser sicher nur mit einigen Umwegen zu erreichen gewesen wäre, ging ich kurz entschlossen einfach in die Richtung, in der die 78er nach dem Abkuppeln verschwanden. Anfangs schaute ich mich noch ängstlich um, ob ich nicht wegen meines verbotenen Handelns von der Bahnpolizei verfolgt würde. Aber selbst die

56 2637, letzte preußische G 8^2 der DB, im Bw Duisburg-Hbf. August 1965.

Überquerung der Fernbahngeleise wurde nicht geahndet und mit der steigenden Zahl derartiger Unternehmungen wuchs der Mut.
Das Lokfahrgeleise zum Bw war wegen seiner Ruß- und Ölspur zwischen und neben den Schienen gut in der zunehmenden Grassteppe zu erkennen. Endlich tauchten Gebäude neben hohem Baumbestand auf, dazwischen abgestellte, verrostete Lokomotiven. Die Lokschuppen machten einen sehr verwahrlosten Eindruck: Der Putz blätterte und manche Schuppentore hingen schief in den Angeln. Nur gelegentlich war ein Bw-Bediensteter zu sehen. Die wenigen hier noch unterhaltenen Loks der Baureihen 55^{25} (pr. G8^1) und 78^0 (pr. T 18) benötigten wohl kein umfangreiches Personal mehr. Die preußischen P 8 (DRB 38^{10}) waren wohl alle schon z-gestellt oder ausgemustert. Beim Rundgang entdeckte ich noch eine andere alte Preußin, eine G8^2 mit der Nummer 56 2637 und der Beschilderung Bw Ruhrort-Hafen. Das Schild »Vorsicht Einsturzgefahr« neben der Lok charakterisierte die bauliche Qualität des Schuppens wie auch der Maschine. Wie ich später erfuhr, war dies das letzte Exemplar einer G8^2 bei der DB.
Bevor ich mich vom Bw Duisburg Hbf verabschiedete, stellte ich mich noch in das Zentrum der Anlage und versuchte, mir den Betrieb in den 50er Jahren vorzustellen, noch vor der Elektrifizierung der ersten Strecken im Ruhrgebiet, als noch alle Züge mit Dampfloks bespannt waren. Die Personenzüge fuhren mit P 8 und T 18; daneben waren noch preußische Güterzugmaschinen wie die G 8^1 und die G 8^2 im Dienst. Ich mußte mir aber auch vorstellen, daß Werke wie

Im Bw Duisburg Hbf notierte ich folgende Loks:

38^{10} P 8 pr	55^{25} G 8^1 pr	56^{20} G 8^2 pr	78^0 T 18 pr
38 3111 z	55 2961	56 2637 +	78 058 +
38 3385 +	55 2965		78 097
38 3479 z	55 3736		78 229
38 3554 +	55 3906		78 257
38 3563 +	55 5180		78 272
38 3654 z			78 486
			78 523

das Bw München Hbf mit dem Strukturwandel die Dampflokunterhaltung aufgeben würden. Auch die heimatlichen Anlagen könnten bald so verwahrlost aussehen oder ganz abgerissen werden.

Am 24. August 1965 mußte ich dann wieder nach Hause. Mein Gepäck war inzwischen angewachsen und sehr unbequem zu befördern. Während ich die Schilder »Bw Mö-Gladbach«, »BD Köln« und »Bw Oberhausen-Osterfeld« noch zwischen meiner alten Wäsche im Koffer verstauen konnte, blieben noch die Tasche mit Kursbuch, Nummernlisten, Spähprotokollen und Fotoapparat und das Schild 74 1212 als sperriges Gepäck übrig. Die Mitreisenden in den gut besetzten Zügen musterten mich anfänglich mit skeptischen Blicken, aber mit der Zeit ergab sich dann doch die eine oder andere neugierige Frage. Es ist aber müßig, einem Laien die Philosophie des Lokspähers zu erläutern, ist dieser doch ein Mischling aus Jäger, Technikfreund und Romantiker, kurz ein Spinner, der eher einer gesellschaftlichen Randgruppe als Sonderling angehört.

Die Heimfahrt über Duisburg, Köln, Mannheim und Stuttgart füllte eine weitere Seite des Notizbuches. Hier nur die Dampfloksichtungen:

Loknummer	Heimat-Bw	wo gesehen
55 4670	Hohenbudberg	Rheinhausen, Unfall
50 360 K	Aachen-West	Rheinhausen
03 122	Mönchen-Gladbach	Köln Hbf
50 2332	Gremberg	Köln Hbf
01 008	Trier	Koblenz Hbf
23 069	Kaiserslautern	Bw Mainz
23 064	Kaiserslautern	Mainz Hbf
23 058	Kaiserslautern	Mainz Hbf
50 1447	Worms	Bw Worms
94 529	Mannheim	Mannheim Rbf
78 081	Karlsruhe	Bretten
01 220*	Nürnberg Hbf	Stuttgart Hbf
39 149	Stuttgart	Stuttgart Hbf

Neubaukessel

Verweis wegen falscher Loknummer

*N*ach solchen Ferien erscheint der wieder hereinbrechende Schulalltag natürlich besonders langweilig. Insbesondere bei so ungeliebten Fächern wie Französisch zog sich eine Unterrichtsstunde wie ein Kaugummi. In diesem Fach wurden zwei Parallelklassen teilweise zusammengelegt. Ich hatte dann für diese Stunde mit einem anderen Mitschüler als sonst eine Bank zu teilen.
Dieser Mitschüler mit dem Namen Friedel war auch an der Eisenbahn interessiert. Der Französich-Lehrer mit Namen Betz leider überhaupt nicht. Damit ist schon die Dramaturgie dieses Kapitels festgelegt.
Friedels Vater war Bundesbahn-Inspektor am Rangierbahnhof München-Laim. Die Informationen über das Betriebsgeschehen, fast aus erster Hand, wurden von mir natürlich begierlich aufgenommen. In der Französisch-Stunde erfuhr ich, wann der Bahnhof mal wieder »schwamm«, weil zu viele Züge angenommen werden mußten, ohne über freie Geleise zu verfügen, oder welche Sonderleistungen, wie »Lademaßüberschreiter«, abzufertigen waren. Ansonsten vertrieben wir uns die Zeit mit Loknummern-Quiz.

Das funktionierte folgendermaßen: Schüler A(briel) flüsterte eine Loknummer, wie zum Beispiel 50 2515, und Schüler F(riedel) sollte, falls bekannt, das Heimat-Bw nennen, also München Hbf. Bei richtiger Lösung kam der andere dran. Dafür gabs dann Punkte, die notiert wurden.

Das Spiel begann.
A: E94 042?
F: Kornwestheim.
F: E44 002?

A: Garmisch.
Und weiter gings.
A: 03 077 (A spielte seine Ferienerfahrungen aus!)?
F: weiß nicht.
Wenn F mal wieder an der Reihe war, wollte er mich mit Triebwagen hereinlegen,
F: ET 65 001?
A: weiß nicht.

Da zischte uns eine Stimme an: »Calmez vous!«

Mit betretenen Mienen reagierten die Quiz-Teilnehmer auf die unliebsame Unterbrechung. A und F versuchten den Faden des Unterrichtsgesprächs zu finden, sie fanden ihn aber nicht, da er im Grammatik-Dschungel verloren gegangen war. Man müßte das Quiz etwas weniger auffällig gestalten. Also wurden die Fragen und Antworten auf einen Zettel geschrieben.

F: 38 2832?
A: Lindau.
Die wesentlichen uns bekannten Nummern waren bald abgearbeitet. Jetzt gings ans Eingemachte.
A: Köf 6510?
F: München Ost.
»Nein, Hauptbahnhof«, zischte ich.
Betz schaute uns kurz mit scharfem Blick an. Da fiel mir eine besonders gemeine Frage ein, die nur mündlich effektvoll vorgetragen werden konnte.
A: E Neuntausendeinhundertundsieben.
F: Haa? gibt's nicht.

»Jetzt reicht's mir aber! Abriel, Friedel, ich geb euch einen Verweis!«
Wenn er Deutsch sprach, war er gefährlich. Er ließ keine Ausreden gelten und zückte das Notizbuch. Ende der Quizveranstaltung!
Friedel meinte, daß ich schuld sei, weil es so eine blöde Nummer nicht gebe. Ich erwiderte, daß er blöd sei, wenn er nicht wisse, daß die Ziffern auf dem Schild zu nah zusammengerückt waren. E 9107, so stands tatsächlich auf dem Schild, man konnte es an dieser Lok

191 011 rangiert im Bahnhof München-Laim. Februar 1975.

vom Bw München-Ost fast täglich am Ablaufberg in MOR besichtigen.
Zuhause gabs dann natürlich einen Riesenkrach. Die nachmittäglichen Spähfahrten sollten drastisch reduziert werden und ein Besinnungsprogramm auf das Wesentliche des Lebens statt dessen den Tagesablauf bestimmen.
Die Besinnung dauerte nicht sehr lange und ging nicht sehr tief. Friedel meinte, daß wir mal eine Besichtigung des Rbf München-Laim mitmachen könnten, sein Vater würde das arrangieren. Eine Mitfahrt auf einer Rangierlok sollte dann auch möglich sein.
Das Besichtigungsprogramm in Laim-Rbf führte uns über diverse Stellwerke zur Betriebsüberwachung. Dort erfuhren wir einiges über die damalige Kommunikationstechnik. Über Fernschreiben wurden die zu erwartenden Züge mit den einzelnen Wagenzielen vorangemeldet; entsprechende Informationen gingen für die abfahrenden Züge an die Ziel-Rbf. Endlich kam die Frage: »Wollt ihr mal auf den Führerstand einer Rangierlok?«

Lokführer, Rangierer und Lokheizer im Mai 1967 als 21. Rangierabteilung mit Lok 94 1053 im Rbf München-Ost.

Auf die Antwort brauchte man nicht lange zu warten. Wir gingen hinaus ins Gelände. Gerade kam die E 91 20 vom Berg zurück, um an einen neuen Zug anzukuppeln. Im Rangierbahnhof München-Laim und auch in München-Ost waren für den Dienst am Ablaufberg überwiegend die E 91 eingesetzt, seltener sah man dafür eine E 75.

Wir wurden dem Lokführer vorgestellt und da für zwei Gäste nur ein Hocker zur Verfügung stand, mußten wir uns entsprechend arrangieren. Der Hocker sollte schon notwendig werden, denn das Vorziehen und Abdrücken eines Zuges dauert doch ziemlich lange und das Stehen wird dann schnell ungemütlich. Der Führerstand einer E 91 ist spartanisch ausgestattet; mit einem großen Handrad werden die Fahrstufen auf- und abgeschaltet. Mit mahlendem Geräusch bewegte sich die Lok, die mit ihren drei Teilen eher an eine Ziehharmonika erinnert, langsam vorwärts. Die Abdrücksignale Ra 6 »Abdrücken verboten« – ein waagrechter weißer Lichtstreifen – und Ra 7 »Langsam abdrücken« – ein weißer Lichtstreifen schräg nach rechts

---

Stangenelloks in München, Heimatdienststellen
Stand 31.12.1964

E 32		E 75		E 91	
08	München Hbf	09	München Ost	07	München Ost
12	München Hbf	54	München Ost	15	München Hbf
15	München Hbf	55	München Ost	20	München Hbf
16	München Hbf	56	München Ost	81	München Hbf
27	München Hbf	59	München Ost	88	München Ost
28	München Hbf	60	München Ost	99	München Ost
31	München Hbf	61	München Ost		
33	München Hbf	62	München Ost		
105 z	München Hbf	63	München Ost		
106 z	München Hbf	65	München Ost		
108	München Hbf	66	München Ost		
		68	München Ost		
		69	München Ost		

aufwärts – bringen nur wenig Abwechslung ins Betriebsgeschehen. Begleitet von dem ständigen Gequake des Rangierfunks bewegten wir uns auf den Berg zu. Jetzt könnte es spannend werden – wie kommt dieses Lokmonster über den Berg? Doch auch diese Hürde bezwang unsere E 91 mit der schon bekannten Gelassenheit durch einfaches Abknicken in der Längsachse; das mahlende Geräusch wurde nur kurzzeitig intensiver.

Eine weitere Tour wollten wir uns nicht zumuten. Bei einer Bockwurst in der Kantine erzählte Friedel, daß er mal gehört habe, die E 91-Lokführer würden diesen Dienst als Strafe ableisten, weil sie mal ein Signal überfahren haben. Dies erschien mir plausibel, zumal ich in MOR (Mü-Ost Rbf) schon mal das Glück hatte auf dem Führerstand einer 94er Dampflok einige Zeit mitzufahren. Was war das für eine lustige Fuhre mit drei Mann (Lokführer, -Heizer und Rangierleiter) und mit mir im engen Führerhaus! Ich hätte mit dem einsamen Mann in der E 91 nicht tauschen wollen.

Zum Fußballspiel nach Nürnberg

er Lokspäher ist meistens alleine unterwegs. Doch manchmal ergibt sich eine Gesellschaft, zufällig oder verabredet, die geeignet ist, zumindest die Wartezeiten zwischen zwei Späh-Ereignissen angenehm zu verkürzen.

In meiner Nachbarschaft hatte sich Mitte der 60er Jahre eine Gruppe jugendlicher Eisenbahnbegeisterter zusammengefunden, die gelegentliche Späh-Expeditionen in unterschiedlicher Zusammensetzung durchführte: Die Brüder Alfred und Konrad, Manfred und ich. Im Frühjahr 1966 unternahm dieses »Kleeblatt« eine Fahrt, die nicht so schnell vergessen werden sollte. Ich weiß nicht mehr, wer auf die Idee kam. Für eine Bustour, organisiert von einem Münchner Sportgeschäft, zu einem Bundesliga-Fußballspiel nach Nürnberg besorgten wir uns Fahrkarten. Wir hatten zwar als Freunde der Eisenbahn wegen der Benutzung des Konkurrenzsystems ein leicht schlechtes Gewissen, aber der äußerst günstige Fahrpreis ließ alle Skrupel vergessen.

Am Samstag, den 2. April 1966, saßen wir dann mit unseren Fotoapparaten inmitten grölender Fußballfans und wollten so gar nicht bei den Kampfliedern mitmachen. Welcher Münchner Verein gegen den 1. FC Nürnberg antrat, ist mir heute unbekannt. Als die Fußballfans merkten, daß wir keine Sportreporter waren, ließen sie uns als undefinierbare Außenseiter in Ruhe. Mit dem Busfahrer vereinbarten wir das vorzeitige Verlassen der Fuhre im Stadtzentrum von Nürnberg, denn wir wollten ja nicht zum Stadion, sondern zuerst einmal zum Betriebswerk Nürnberg Hbf. Beim Aussteigen ermahnte uns der Fahrer, rechtzeitig vor der Abfahrt wieder zur Gruppe am Stadion zu stoßen.

Mit der Straßenbahn fuhren wir dann zum Hauptbahnhof. Dort trafen wir einen Bahnbeamten, der uns erklärte, daß das Bw Nürnberg Hbf nicht in unmittelbarer Nähe des Personenbahnhofs zu finden sei. Wir kauften uns einen Stadtplan und fuhren mit dem DB-Nahverkehrszug in Richtung Fürth. Der Haltepunkt Neusündersbühl, an dem wir aussteigen mußten, war wegen den rauchverhangenen Anlagen mit der Drehscheibe und 64 104 vor dem Geräte-Hilfszug nicht zu verfehlen.

Wir trafen beste Voraussetzungen für unser Hobby an: Sonne, klare Luft und die Genehmigung, mit Begleiter die Bw-Anlagen zu besichtigen.
Im Schuppen stand die heute betriebsfähig restaurierte 2A-Crampton Lok PFALZ, gebaut 1853 von Maffei. Vor dem Rundschuppen trafen wir eine alte Bekannte, die 38 4035, eine wendezugfähige P 8 mit geschlossenem Führerhaus, die noch vor kurzem im Bw München Hbf stationiert war. Als die 01 130 aus dem Schuppen fuhr, durften wir kurz auf den Führerstand klettern, einen Blick in die Feuerbüchse werfen und den für uns ungewöhnlichen Seitenzugregler bestaunen. Es gab viel zu notieren und zu fotografieren. Mit dem Dia-Filmmaterial, für einen Schüler damals sehr teuer, mußte ich streng haushalten. Ein Foto durfte nur geschossen werden, wenn eine neuartige Situation dies rechtfertigte.

Im Freigelände standen lange Schlangen von elektrischen Triebwagen (ET 30, ET 32), die wegen des Wochenendes nicht benötigt wurden. Dazwischen fanden wir eine Kolonne ausgemusterter Dampfloks sowie ein Abstellgeleise mit Elloks der Baureihen E 52 und E 10^0, die wohl auch ihre besten Tage schon hinter sich hatten.
Die gesichteten Dampfloks sind in der Tabelle Seite 66/67 zusammengefaßt.
Da wir noch zum Bw Nürnberg Rbf wollten, drängte die Zeit; so ein Fußballspiel dauert bekanntlich nur 2 x 45 Minuten! Unser Begleiter erklärte uns, wie wir mit der Straßenbahn zum anderen Ende der Stadt kommen könnten – bei der vom Namen her verheißungsvollen Station Rangierbahnhof-Brücke sollten wir aussteigen. Die Trambahnfahrt zog sich hin, umsteigen mußten wir auch noch. Da kam die Brücke in Sicht und bald der für das Bw verräterische Rauchpilz.

Loknummer	Heimat-Bw
50 3012	Nürnberg Rbf
64 104	Nürnberg Hbf
38 4035	Schwandorf
38 2730 I	Bamberg
78 142+	Nürnberg Hbf
64 101+	Nürnberg Hbf
64 434+	Nürnberg Hbf
01 177 Neubaukessel	Nürnberg Hbf
64 141	Nürnberg Hbf
38 3639	Nürnberg Hbf
38 3439	Schwandorf
38 2540	Nürnberg Hbf
38 1711	Nürnberg Hbf
01 130 Neubaukessel	Nürnberg Hbf
01 210 Neubaukessel	Nürnberg Hbf

Auch hier wieder die für den damaligen Strukturwandel in der Zugförderung typischen Kolonnen verrosteter, ausgemusterter Dampfloks. Und mitten unter 50ern und 86ern eine bayerische G3/4H, die 54 1632! Wir waren hin- und hergerissen. Gerne hätten wir den Veteranen, der in Nürnberg 1964 mit der Schwesterlok 54 1685 noch im aktiven Dienst stand, länger gewürdigt. Doch der Zeiger der Uhr ließ das nicht zu, es war schon halb vier! Also schnell rüber zum aktiven Betrieb, der uns mit der 55 2816 (Fabrikschild: Vulcan 1913) vor dem Hilfszug begrüßte.

Da wir durch den Abstieg von der Brücke durch die Büsche den regulären Eingang verpaßt hatten und da wir schon mitten im Betrieb waren, wollten wir erst einmal, auch als Zeitersparnis, eine offizielle Anmeldung umgehen. Vor unseren Augen rollten die schweren Güterzugmaschinen des Bw Nürnberg Rbf zu und von den Ringschuppen mit Drehscheiben, wovon eine mit einer Oberleitungs-Spinne

Loknummer	Heimat-Bw
01 149 Neubaukessel	Nürnberg Hbf
01 180 Neubaukessel	Nürnberg Hbf
01 182 Neubaukessel	Nürnberg Hbf
01 183 Neubaukessel	Nürnberg Hbf
64 305	Nürnberg Hbf
64 503	Nürnberg Hbf
01 154 Mischvorw.	Nürnberg Hbf
64 298	Nürnberg Hbf
64 147	Nürnberg Hbf
38 2272	Nürnberg Hbf
64 025	Nürnberg Hbf
64 286	Nürnberg Hbf
01 112 Mischvorw.	Nürnberg Hbf
01 181 Neubaukessel	Nürnberg Hbf
38 3812	Weiden

elektrifiziert war. In etwa fünfminütigem Abstand waren da 44er, 50er, die E 50, die E 94 und plötzlich ... eine 57er zu sehen! Wir schrien vor Aufregung alle durcheinander, denn eine preußische G 10 hatten wir nicht erwartet. In der Aufregung war das Fotografieren sehr schwierig, die Lok bewegte sich und die Fotografen hüpften hin und her. Jeder schrie »Aus dem Bild!« um sich selbst in die beste Position zu bringen. Und dann verschwand die Lok im unerreichbaren Gelände des riesigen Rbf. Das sind eben die Nachteile des Gruppen-Lokspähens!
Durch unser Geschrei wurde ein Beamter auf uns aufmerksam, der uns höflich fragte, was wir denn hier auf dem Betriebsgelände machen. Nach dem üblichen Sprüchlein reagierte der Eisenbahner überraschend höflich: »Meine Herren, Sie sollten sich bitte anmelden.«

Die Formalien waren schnell erledigt und der nette Herr begleitete uns durch die Lokschuppen. Wir erzählten ihm von unserer Aufregung wegen der G 10. Er meinte, daß die 57er früher in Neuenmarkt-Wirsberg als Schublok auf der »Schiefen Ebene« eingesetzt war. Beim Bw Bayreuth seien diese Maschinen jetzt überflüssig und so verdiene die eine oder andere im Nürnberger Rbf ihr Gnadenbrot. Beim nächsten größeren Schaden sollten die Maschinen ausgemustert werden und so fahren sie hier auf Verschleiß. Zu unserer Verwunderung erklärte er uns den aktuellen Dienst: »Bei verrutschter Ladung fährt die 57er mit Wucht gegen den Waggon, um die Ladung wieder zurechtzurücken«.

Beim Rundgang durch die Schuppen trafen wir noch viele 86er an, die, überwiegend im Nürnberger Vorort-Personenverkehr eingesetzt, am Wochenende eine Verschnaufpause einlegten. Ein Schuppenstand war dabei mit zwei Tenderloks belegt. Das Notizbuch füllte sich, auch wenn nur die Dampfloks aufgeschrieben wurden (Siehe Tabelle S. 70).

Als wir wieder ins Freie traten, fiel mein Blick auf eine der typischen aufgeständerten Bw-Uhren, aufgestellt bei einem von der Drehscheibe abgehenden Gleis: 17 Uhr 30! Uns wurde heiß – nun aber los, schnell nach Nürnberg Dutzendteich zum Stadion!

An der Trambahnstation fuhr uns gerade ein Wagen davon. Das Warten wurde unerträglich. Das Fußballspiel war wahrscheinlich gerade zu Ende. Genaues wußten wir nicht, in unserer Blauäugigkeit hatten wir »Eisenbahnspezialisten« uns natürlich nicht um so was profanes wie den Zeitplan eines Fußballspiels gekümmert. Gegen 18 Uhr 20 standen wir vor dem Stadion. Das Spiel war natürlich schon aus, von den Parkplätzen strömten die Autos der Heimfahrer. Doch wo war unser Bus? Die wenigen zu Fuß gehenden Passanten wußten das natürlich auch nicht. Vielleicht gingen die Busse vom Bahnhofsvorplatz weg?

Doch auch hier Fehlanzeige. Wir waren ziemlich ratlos. Es wurde schon dunkel und ein schwerer Güterzug mit 44 1482 donnerte durch den Bahnhof. Da hatte Manfred eine Idee. »Wir fragen, ob uns ein Münchner Autofahrer mitnimmt!«

Da die meisten Autos schon abgefahren waren konnten wir gerade noch ein paar Nachzügler anhalten. Der erste Wagen mit M-Schild

64 104 vor dem Hilfszug ist im April 1966 noch mit einem Schneepflug ausgerüstet. Aufnahme im Bw Nürnberg Hbf.

Loknummer	Heimat-Bw
44 914	Nürnberg Rbf
86 431	Nürnberg Rbf
50 2524	Nürnberg Rbf
55 2816	Nürnberg Rbf
50 2324	Lichtenfels
57 2147	Nürnberg Rbf
50 1075	Nürnberg Rbf
50 2420	Nürnberg Rbf
50 3005	Nürnberg Rbf
50 521	Nürnberg Rbf
86 408	Nürnberg Rbf
86 407	Nürnberg Rbf
86 271	Nürnberg Rbf
86 128	Nürnberg Rbf
44 1657	Nürnberg Rbf
50 1628	Nürnberg Rbf
50 1391	Nürnberg Rbf
55 3599	Nürnberg Rbf

hatte noch einen Platz frei. Manfred stieg ein und versprach unsere Eltern zu informieren. Der Parkplatz wurde immer leerer. Und da, noch ein Münchner Auto, nur mit zwei Mann besetzt. Auch hier wieder Glück im Unglück - der Fahrer war bereit die restlichen drei Späher mitzunehmen.

Wir waren so fertig, daß ich mich nicht mehr an ein Gespräch während dieser Fahrt erinnern kann - wir sind sicher zeitweise eingeschlafen. Zu meiner Schande, die Fußballfans mögen es mir verzeihen, weiß ich nicht einmal mehr das Ergebnis des Spiels. Ich nehme aber an, es hätte 0:0 sein können, denn ein großer Jubel war nicht zu vernehmen.

Loknummer	Heimat-Bw
86 160	Nürnberg Rbf
50 2180	Nürnberg Rbf
50 199	Nürnberg Rbf
50 1753	Nürnberg Rbf
55 2781	Nürnberg Rbf
50 2609	Nürnberg Rbf
44 604	Nürnberg Rbf
44 1205	Nürnberg Rbf
86 094	Nürnberg Rbf
50 2334	Nürnberg Rbf
50 1047	Nürnberg Rbf
50 899	Nürnberg Rbf
54 1632 +	Nürnberg Rbf
50 2187 +	Nürnberg Rbf
50 240 +	Nürnberg Rbf
86 168 +	Nürnberg Rbf
50 597 +	Nürnberg Rbf
50 2394 +	Nürnberg Rbf

Natürlich wurden wir nicht bis an unsere Haustüre gebracht. Wir mußten also noch mit der Trambahn von Schwabing (Autobahnende) bis nach Hause fahren. Manfred war schon eine halbe Stunde eher eingetroffen, da sein Fahrer im Süden Münchens wohnte. Unsere Eltern, beunruhigt wegen des Ausbleibens ihrer Sprößlinge, hatten schon die Polizei benachrichtigt. Mit Vorwürfen, aber dann doch Erleichterung wegen des letztendlich glücklichen Ausgangs dieser Expedition, ging dieser Tag zu Ende. Rückblickend wurde uns der Wahnsinn dieser Unternehmung bewußt: Zwei Bw's in einer fremden Stadt in einer relativ kurzen Zeit! Das konnte nicht gutgehen! Wenn ich aber heute die Bilder von 01 130 und 57 2147 anschaue, muß ich sagen: »Es hat sich gelohnt«.

Schnapsnummern

Jeder Mensch hat zu Zahlen eine unterschiedliche Beziehung. Für Viele ist die eine Zahl wie die Andere – sie sollte möglichst groß sein, wenn es um das Guthaben auf der Bank geht. Es gibt aber auch Menschen mit Vorlieben für bestimmte Ziffern und Zahlen. Mystik und Aberglauben sind im Spiel. Die 33 wird auf Lottoscheinen wahrscheinlich lieber angekreuzt als eine 27, außer letztere erinnert an das Geburtsdatum der Geliebten. Und wie ist das mit Loknummern?

Nicht umsonst ist das Sammeln von Loknummernschildern bei Eisenbahnfreunden sehr beliebt. Ein Blick in die einschlägigen Zeitschriften vermittelt dem staunenden Laien die Geldsummen, die manche Fans bereit sind für das Objekt ihrer Begierde hinzublättern. Anzeigen wie

- *Gesucht Lokschilder 01 003, 01 006, 01 013 etc. sowie 01^{10} und 03^{10} jeweils in Gußausführung, zahle Höchstpreis*

oder

- *Suche Lokschild 44 181 in Guß für 2.000,- DM sowie 58 407 in Guß für 1.500,- DM*

- *Suche Gußschild BR 38^4 für 5.000,- DM; BR 65 in Messing für 3.500,- DM*

kann man jeden Monat lesen.

Es gibt dabei zwei Abteilungen. Einmal ist die möglichst kleine Nummer begehrt. Der Altmeister Carl Bellingrodt, dessen Büro die Nummernschilder 01 001 und 05 002 zierte, war hier sicher in seiner Zeit

Das Modernste, was die DB seinerzeit zu bieten hatte, waren die Schnellfahrlokomotiven der Reihe E 03. Im Sommer 1965 präsentiert sich die elegante E 03 001 im Bw München Hbf.

unerreicht. Doch nicht nur der Sammler von Schrott, wie die Gußnummern auf Blechtafeln wohl von Unwissenden bezeichnet werden, ist hier gefordert. Auch beim Eisenbahnfotografen erhöhte sich der Blutdruck, wenn er eine 50 001 vor die Linse bekam.

Wie so oft im Leben, wird das, was man täglich vor der Haustüre sieht, nicht geschätzt. Mitte der sechziger Jahre war in München eine E 41 001 (blau), eine E 10 001, E 44 001, E 16 01 und E 19 01 mit schönen Gußschildern, teilweise in Messing, nichts besonderes. Auch an die neuen E 03 001 bis E 03 004 gewöhnte man sich schnell. In unserer damaligen Spähergruppe wurde aber Jimmy Schulze beneidet, weil er in Köln-Eifeltor die 41 001 und die oben bereits erwähnte 50 001 fotografierte.

Für den Oldtimer ist mit Einführung der EDV-Nummern ein gewisser Reiz verloren gegangen. Eine 023 001-1 ist zwar ganz nett, doch der Strich stört und die schlichte Bemalung kann den edleren Eindruck eines Gußschildes nicht ersetzen. Beim Anblick der eher unauffällig aufgemalten Nummer 401 001-3 an einem unserer modernen Superzüge überkommen mich keine erhebenden Gefühle mehr. Vielleicht sehen die jüngeren Kollegen das aber ganz anders!

In der zweiten Abteilung sind Nummern mit möglichst vielen gleichen Ziffern einzuordnen. Für mich als großen Fan der preußischen G8[1] ist natürlich eine 55 5555 der rasende Wahnsinn. Leider ist diese Lok beim Bw Hohenbudberg 1961 schon ausgemustert worden, aber im 55er-Buch von H. Wenzel (Wuppertal 1976) kann man zwei Abbildungen dieser Maschine bewundern. Als Dampflok-Baureihennummer mit zwei gleichen Ziffern ist nur noch bei der Baureihe 44 eine größere Anzahl Lokomotiven zu berücksichtigen, also muß hier die 44 444 erwähnt werden. Aber auch sie wurde bereits 1960 beim Bw Hagen-Vorhalle ausgemustert. Sind diese Schilder eingeschmolzen worden?
Bei den Münchner Dampfloks war natürlich die 78 222 der Nummernstar. Als diese meistens gut gepflegte Lok im Mai 1967 auf »z« gestellt wurde, war das damals begehrteste Münchner Dampflok-Nummernschild schon seit einiger Zeit durch eine bemalte Blechtafel ersetzt. Irgendein Frevler hatte die Schilder von der noch warmen Lok abmontiert!

Die »moderne DB« besitzt aber auch ein Triebfahrzeug mit einer herausragenden Schnapsnummer: Die für den S-Bahn-Verkehr beschaffte, orange lackierte Ellok 111 111–1. Diese Maschine ist auf alle Fälle ein Foto wert, auch wenn ihre EDV-Nummer nur aufgemalt ist.

Oft spielen diese numerischen Restriktionen gar keine so große Rolle. Vielmehr zählt das individuelle Erlebnis, das den Eisenbahnfreund mit einer bestimmten Lokomotive – und so mit seiner Nummer – verbindet. Für mich ist das z.B. die schon erwähnte Nummer 74 1212. Die 50er Nummer, die mir immer sofort einfällt, ist die 50 2515, die mit der folgenden Geschichte verbunden ist:

Bei einem Besuch des »Schwarzen Weges« bei der Donnersberger Brücke in München mit meinem Vater in den 60er Jahren beobachteten wir u.a. den Betrieb im Gelände des Egbf (München-Eilgüterbahnhof). Dieser wurde von einem ungewöhnlich schlanken Gebäude mit Kanonenofen aus befehligt, das inmitten vieler handgestellter Weichen positioniert war. Chef der Station war oft ein Bahnbeamter, dessen Leibesfülle umgekehrt proportional zu den Abmessungen des Gebäudes erschien. Sein Helfer, dessen Figur zur Befehlsbude paßte, wurde auf seinen Zuruf zu den Weichenstellhebeln geschickt, was sehr schnell und umsichtig geschehen mußte, da eine Rangierlok, meistens eine V 60 als 5. Rangierabteilung, eine Güter- oder Reisezugwagenschlange abdrückte. Der Rangiermeister rief durch die Lautsprecheranlage: »Fünfte einen Stoß«, und schon sah man den Gehilfen von Weiche zu Weiche springen. Auch das gefährliche Legen von Hemmschuhen gehörte zu seinem Geschäft.

Herausragendes Ereignis war das Abschicken oder die Annahme einer Zugfahrt. Nach Westen war der Egbf mit dem Rangierbahnhof Laim durch eine eingleisigen Strecke verbunden, die sich, unter den Fernbahnen in Richtung München-Ost und München-Mittersendling, entlang der Bw-Anlagen zur Betriebsstelle Mü-Laim Stw1 schlängelte. Zwei über Seilzüge handbediente Form-Hauptsignale regelten die Ein- bzw. Ausfahrt. Wir sahen schon seit einiger Zeit eine Rauchfahne in der Nähe des Einfahrsignals, ab und zu war ein längerer Pfiff zu hören. Im Egbf war keine Rangiertätigkeit, die Männer der »Fünften« machten wohl gerade Brotzeit. Plötzlich stürzte der Dicke aus seinem Gebäude. Er setzte seine Amtsmiene auf, rückte seine Dienstmütze zurecht und stellte sich würdevoll vor den Hebel für das Einfahrtssignal. Wieder ein Pfiff aus Richtung Laim. Endlich betätigte er den Seilzug und die typischen Anfahrgeräusche eines dampfbespannten Zuges waren zu vernehmen. Die 50 2515 brachte eine bunte Schlange unterschiedlicher Reisezug-, Pack- und Postwagen, wohl vom Ausbesserungswerk Neuaubing. Als die Lok das Betriebsgebäude passierte, prasselten vom Führerstand wüste Beschimpfungen auf den Chef hernieder. »Penner« war da sicher noch einer der mildesten Ausdrücke.

Diese Idylle, noch ein Überbleibsel aus der Zeit der königlich bayerischen Staatsbahn, mußte inzwischen modernen Anlagen für die Pflege von ICE-Zügen weichen. Der Gehilfe des »Chefs« trauert diesen Zeiten aber sicher nicht nach!

Der Saubock

*D*a ich in München kaum mehr Dampfloks beobachten konnte, litt ich an Entzugserscheinungen, die mich immer weitere Wege zu den letzten Hochburgen der Dampftraktion unternehmen ließen. In Ulm wurden die letzten 03er, in Aalen die dort noch stationierten preußischen T 18 und schließlich in Crailsheim der noch sehr rege Betrieb mit Loks der Baureihen 23, 44 und 50 in dem schmucken Betriebswerk mit dem nun schon berühmten Wasserturm fotografisch dokumentiert. Auf der Strecke Crailsheim–Schwäbisch Hall-Hessental konnte man noch schwere Güterzüge mit Doppeltraktionen in unterschiedlicher Reihung (23 + 50 oder 50 + 44 oder 50 + 50) beobachten. Auch in der Oberpfalz und in Oberfranken waren, z.B. auf der Strecke Nürnberg - Schwandorf, Anfang der Siebziger noch schwere Güterzüge mit 44ern und 50ern unterwegs. Diesen Loktypen konnte der Späher auch noch im Bereich der ehemaligen Direktionen Essen (u.a. Bw Gelsenkirchen-Birmarck, Bw Oberhausen-Osterfeld, Bw Wanne-Eickel, Bw Wedau) und Hannover (Bw Ottbergen, Bw Lehrte) verfolgen. Die letzten zweizylindrigen 01 mußte man im Rampendienst in Oberfranken erlebt haben. Der Freund des leichteren Nebenbahnbetriebs konnte auf der Strecke Aschaffenburg - Miltenberg und im Nürnberger Vorort-Personenverkehr noch die letzten Vertreter der Baureihen 64, 65 und 86 in voller Aktion antreffen. Natürlich nicht zu vergessen die letzten Bastionen der P8 in Baden-Württemberg!

Doch ich wollte noch die stärksten Eindrücke der ausgehenden Dampflok-Zeit erleben: Schwere Ganzzüge des Programmverkehrs für die Kohle- und Stahlindustrie und schwere Schnellzüge mit den dreizylindrigen 01^{10}. Die einschlägigen Zeitschriften machten mich auf das letzte Eldorado der Dampftraktion neugierig: Die Emslandstrecke mit den Betriebswerken Rheine und Emden!

Im Sommer 1971 wurden die Semesterferien für die geplante große Tour in den Norden genutzt. Auf dem Hinweg machte ich Station in Krefeld-Uerdingen, der Ort meiner ersten »Nordlandfahrt« vor sechs Jahren. Hatte sich in Hohenbudberg etwas geändert?

Auf dem ersten Blick war alles beim alten geblieben: Beim Stellwerk Hwf stand noch der Jägerzaun und über das Ausziehgleis aus Richtung Uerdingen drückte eine 55er eine lange Güterwagenschlange des BAYER-Werksanschlußverkehrs. Na ja, die neuen Nummern waren natürlich ungewohnt und ich wußte zuerst noch nicht, was sich hinter der 055 693 oder der 055 703 verbirgt (ex 55 4693 und 55 4703). Die Güterzüge waren nun überwiegend elektrisch bespannt (140), bei den Dampfzügen dominierte die 50er, seltener kam eine 44er des Bw Gelsenkirchen-Bismarck. Aber meine geliebte 41er, hier vor sechs Jahren noch häufiger Gast, war verschwunden. Mir war klar, daß dies wohl die letzte Gelegenheit sein würde um eine 55er bei der DB im Plandienst zu erleben. Also wurden die Hohenbudberger Maschinen ausführlich fotografiert.

Nach einer Woche gings dann weiter in den Norden. Am Nachmittag des 2. 8. 1971 Ankunft in Rheine Pbf. Da ich mit meinem alten VW-Käfer unterwegs war, konnte ich die Antwort auf die Frage »wo ist das Bw?« gleich in die Fahrt nach Hauenhorst umsetzen. Die Straße führte westlich der Strecke Rheine–Münster entlang den Anlagen des Rangierbahnhofs zu diesem Rheiner Vorort, der das Betriebswerk beherbergte. Während der Fahrt konnte ich schon die charakteristischen Auspuffschläge von anfahrenden, schweren Dampfzügen vernehmen, der Himmel zeigte vereinzelte Rauchpilze. Die steigende Erregung bei der Annäherung an ein großes Dampf-Bw, die ich schon so vermißt hatte, war nun wieder da!
Das Bw Rheine war für die ausgehende Dampflokzeit eine relativ moderne Anlage, nicht zu vergleichen mit altbayerischen oder altpreußischen Betriebswerken wie etwa München Hbf (Dampflokteil) oder Duisburg Hbf. Beim Verwaltungsgebäude fiel mir ein Steingarten mit Gartenzwergen und das Desinteresse der Beamten an einer offiziellen Anmeldung auf. Gleich neben der Drehscheibe und dem Schuppen bemerkte ich die Öl-Betankungsanlagen. Aus dem Schuppen fuhr gerade die 012 054 (01^{10} Öl) und auf einem Freistand wur-

de die 011 091 (01^{10} Kohle) aufgerüstet. Ich ertappte mich dabei, daß ich irgendwie froh war, in diesem »Öl-Bw« auch noch »richtige Dampfloks« mit Kohle auf dem Tender anzutreffen und den Geschmack von schwefeliger Säure auf der Zunge zu spüren.

Und hier standen sie nun in großer Anzahl: Meine geliebten 41er. Was ich vor sechs Jahren in Wanne-Eickel als herausragendes Ereignis empfand, war nun auf vielen Freiständen und im Schuppen zu bewundern. Die 042, wie die 41 Öl jetzt genannt wurde, waren wie die anderen Rheiner Öl-Loks der Baureihen 012 und 043 (44 Öl) bestens gepflegt. Der rote Anstrich des Fahrwerks war nicht wie bei vielen anderen Loks des ausgehenden Dampflokzeitalters unter einer dunkelbraunen Dreck- und Ölschicht versteckt. Ich konnte mir bei sonnigem Wetter mit dem Fotografieren Zeit lassen: 042 052, 042 105, 042 210, 042 347, 042 241, 042 245 ... Halt die kenn ich doch! Das war die Maschine, die mein Gemüt vor sechs Jahren bewegte, als ein Gewitterschauer eine Fotochance verpatzt hatte.

Der Tag ging schon zu Ende aber es war noch so viel zu sehen! Auf Freiständen in der Nähe der Bekohlungsanlage waren noch 044er, 50er und auch eine preußische T 16^1 (094 588) abgestellt. Da es zum Fotografieren schon zu dunkel geworden war, konnte ich mich dann doch von diesem paradiesischen Ort trennen. Ich mußte mir ja noch ein Nachtquartier suchen.

In der Nähe des Pbf fand ich ein Wirtshaus mit Zimmervermietung. Ich war natürlich von der Fahrt und den vielen Eindrücken schon ziemlich müde und auch hungrig. Nach der Besichtigung des bescheidenen aber sauberen Zimmers begab ich mich in die Gaststube. Schon von außen bemerkte ich, daß diese sehr gut besucht war - lautes Stimmengewirr zeigte an, daß sich hier wohl die Leute zum feierabendlichen Bierchen in vertrauter Runde trafen. An einem Tisch mit einer fröhlichen Männergesellschaft sah ich noch einen freien Stuhl. Als ich höflich nachfragte, ob ich mich dazu setzen könne, war es um mich geschehen. Sofort merkten die Männer, daß ich nicht aus ihrer Gegend stammte und schon war ich der Mittelpunkt der Runde. Hier zeigte sich wieder mit großer Herzlichkeit der schon bekannte »Bayer in Preußen Effekt«. Ich mußte gleich so viele Fragen beantworten, daß ich erst gar nicht dazu kam, mir etwas zu bestellen. Schließlich ergatterte ich eine Karte und eine Bedienung und ich bestellte ein Jägerschnitzel und ein Bier. Während ich auf mein Essen wartete, konnte ich mir meine Gesellschaft genauer anschauen. Zuerst dachte ich, daß es sich um Handwerker handelte, einige mit schwarzen Flecken im Gesicht könnten Kaminkehrer gewesen sein. Beim Essen hatte ich mal eine Redepause, in der die »Handwerker« von sich erzählten. Zu meiner Freude stellte sich heraus, daß die »Kaminkehrer« Heizer und Führer von Dampfloks waren, die sich hier nach dem Dienst trafen.

Die Gesprächsthemen waren dann vorgegeben. Da hörte ich Geschichten über offene Schranken, die von einem verzweifelten Wärter erst heruntergekurbelt wurden, als die Lok bereits in voller Fahrt mit ihrem Zug vorbeibrauste. Oder die Geschichte von der 01^{10}, bei der während der Fahrt vor einem schweren D-Zug die Steuerung für den mittleren Zylinder brach, worauf dieser falschen Dampf bekam (z.B. rückwärts statt vorwärts). Die Lok wurde dermaßen erschüttert, daß sie zu entgleisen drohte. Resultat: Totalschaden an Steuerung und Kröpfachse, Hilfslok, Verspätung.

Als ich von meinem Hobby erzählte, war das für die Rheiner Personale 1971 nichts exotisches mehr, da sie ja täglich mit diesen Spinnern in den Bahnhöfen, im Bw und entlang der Strecken konfrontiert wurden. Mein Tischnachbar Alex – wir duzten uns von Anfang an – interessierte sich sogar für meine Nummernlisten, die ich mit in die Gaststube brachte. Ursprünglich hatte ich vor, diese während des Essens zu studieren, als ich noch nicht ahnte, daß ich von einer so illusteren Gesellschaft aufgenommen werden würde.

Bei den Stationierungsverzeichnissen der Betriebswerke Rheine und Emden kommentierte er jede Nummer. Ich freute mich natürlich zu hören, daß die 042 eine unkomplizierte Lok ist, die von den Personalen gerne gefahren wird. Bei der Liste mit den 044ern vernahm ich dann so manchen Seufzer. »Die werden nicht mehr so gepflegt; vor allem nicht von den Emdenern. Wenn nicht der Aufschwung in der Montanindustrie gewesen wäre, wären die wahrscheinlich schon abgestellt worden«. Bei der Nummer 044 267 (ex 44 1267) verfinsterte sich sein Gesicht: »Das ist ein Saubock, ein ganz elendiger Saubock!« Ich sah Alex mit einem sicher verwunderten Gesicht an, denn mit einer derart emotionalen Reaktion hatte ich nicht gerechnet. Er wiederholte sich: »Das ist ein Saubock, weil er einfach nicht richtig läuft«. Dann rief er rüber zum Nachbartisch: »Hey, Jupp, was is mit de 44 267?« Und Kollege Jupp antwortete ohne lange nachzudenken und ohne sich bei seinem Gespräch in seiner Tischrunde stören zu lassen: »Des is e Saubock!«

»Es gibt nun mal so Maschinen, die einfach nichts taugen; es wird alles gemacht und repariert, aber das nützt nichts. Die sind im AW und kommen wieder genauso kaputt zurück. Und wir müssen uns dann damit rumärgern und die von Oben sagen dann, daß alles O.K. ist.« Nach dieser Aufregung wurde eine Runde Bier ausgegeben, zu der ich auch eingeladen wurde.

Lokführer Alex meinte dann, daß ich mal mit ihm mitfahren könnte. Es müßte aber in der Nacht sein, weil dann die vom Amt nicht unterwegs seien. Und ich könnte dann auch bei ihm übernachten, das wäre gemütlicher als in so einem ollen Wirtshaus. Ich war natürlich hoch erfreut, auf der anderen Seite auch skeptisch: War das nicht zu viel Freundlichkeit, sprach vielleicht der Alkohol?

Alex machte nun schon Vorschläge, wann es mal passen würde. Doch ich mußte leider abwinken, denn ich konnte nur eine Nacht in Rheine bleiben. Ich mußte dann aber versprechen bald wieder zu kommen und mich dann unbedingt bei ihm zu melden. In meinem Notizbuch notierte ich seine Adresse.

Langsam löste sich die Runde auf. Als ich in meinem Bett lag und von Ferne einen Dampfzug vorbeifahren hörte, ging mir das Erlebte bis zum Einschlafen im Kopf herum. Warum waren hier die Leute so freundlich? Oder ist das normal und nur die Bayern sind immer so grantig?

Am nächsten Morgen natürlich sofort nach dem Frühstück wieder ins Bw. Neben den nun schon vertrauen Ölloks traf ich noch die 011 072 und die frisch untersuchte (L0) 051 539 vom Bw Oberhausen-Oster-

An der Strecke von Rheine nach Münster liegt der Abzweig Rheine Rs. Im August 1971 passiert 012 060 mit einem Eilzug die mit Formsignalen gesicherte Abzweigstelle.

feld, die auf der Durchreise vom AW Lingen hier Station machte. Nun wollte ich aber noch raus an die Strecke. Das Bw wurde von den Fernbahngleisen nach Coesfeld bzw. der Güterzugstrecke Rheine Rbf–Münster westlich umfahren. Ein anderer Lokspäher, den ich an diesem Morgen im Bw traf, gab mir den Tip, daß bei der Abzweigung Rheine Rs, die Stelle, an der die Strecke vom Rbf in die Fernbahn nach Münster einmündete, wohl eine gute Spähposition zu beziehen wäre. Also nichts wie hin!

Über Feldwege ging ich nun vom Betriebswerk entlang der Güterbahn zur Abzweigstelle Rs: Ein Stellwerk, für jede Richtung ein Form-Hauptsignal und das ganze noch eingerahmt von dicken Bündeln Telegrafenleitungen über Doppel-Holzmasten. Ich war noch nicht bei den Weichen angekommen, als sich schon aus Richtung Rbf ein Erzganzzug mit dem charakteristischen 3/4-Schlag einer 44er näherte, Zuglok 044 671 (ex 44 1669) des Bw Emden. Als die Lok an mir vorüberstampfte, mußte ich wieder an die Saubockgeschichte denken.

Während ich mich innerlich noch königlich amüsierte und vor mich hingluckste, hätte ich beinahe die 011 091 mit einem Personenzug aus Richtung Münster verpaßt. Doch keine Bange, in den nächsten Stunden passierte ein Dampfzug nach dem anderen: Erzzüge, Kohlezüge und die dazugehörenden Leerzüge jeweils mit 044 oder 043. Dazwischen Reisezüge mit 012 oder manchmal einer 011, die natürlich nicht den Umweg über den Rbf nahmen sondern geradeaus in/aus Richtung Pbf fuhren. Als Auflockerung zweigte in Rs dann auch mal ein Gemischt-Güterzug mit einer 042 oder einer 50 ab.

Nachdem ich die besten Fotostandpunkte für die jeweiligen Richtungen und Sonneneinstrahlungen herausgefunden hatte, näherte sich der Abzweigung der Kollege, den ich schon im Bw traf. Ich bedankte mich bei ihm für den guten Tip – zu einem ausführlicheren Gespräch konnte es dann vorerst nicht kommen, da es wegen der hohen Zugdichte immer etwas zu tun gab. Die Fast-Schnapsnummer 043 666, hinter der sich die frühere 44 1666 verbarg, ist mir als Zuglok eines der vielen Erzzüge besonders in Erinnerung geblieben.

In einer Zugpause kramte der Kollege ein Fotoalbum aus seiner Tasche hervor. Mit der Frage »Warst du schon mal in Hof?« forderte er mich auf, darin herumzublättern. Zuerst war ich erstaunt, daß sich jemand die Mühe machte, auf eine Spähexkursion gleich seine Fotosammlung mitzunehmen. Mit steigendem Interesse betrachtete ich dann die hervorragenden Schwarz/Weiß-Fotos, die sorgfältig ins Album eingeklebt einen guten Überblick über den Hofer Dampflokbestand gaben. Der Kollege war stolz darauf von 001 008 bis 001 234 alle Hofer 01 dokumentiert zu haben.

Eine Besichtigung des Betriebs in Hof hatte ich bisher ausgespart, da ich meinte, daß ich die Hofer 01er schon überwiegend von ihren früheren Einsatzorten in Nürnberg, Köln oder Mühldorf her kannte. Eine solche Fotosammlung machte mich dann aber doch etwas neidisch.

Während ich sinnierte, ob mir da vielleicht etwas entgangen war, näherte sich aus Richtung Rbf ein kleiner, schwarzer, rauchender Punkt. Bevor dieser in die Hauptstrecke nach Münster einfädeln durfte, passierte noch die 012 066 mit einem Eilzug; auch dies eine alte Bekannte, die ich zuerst in Wanne-Eickel vor sechs Jahren am Bahnsteig traf. Als schließlich die Abzweigung frei gegeben wurde, sahen wir eine Tenderlok auf uns zukommen. Das war eine 94er! Sie sah mit ihrem leuchtend roten Triebwerk aus wie neu. Die Beschilderung stellte uns die hübsche alte Dame vor: 094 666, Bw Hamm (G). Die ehemalige 94 1666 kam wohl gerade aus dem AW Lingen, wo sie für ihre letzten Tage noch etwas hergerichtet worden war. Zwischen weiteren Zügen und einer Lz mit der erst frisch von Dortmund nach Emden umstationierten 051 292, unterhielten wir uns noch über Schnapsnummern. War es nicht ein kurioser Zufall, daß ich heute mit 043 666, 012 066 und 094 666 gleich drei Loks mit 6er-Nummern sah?

Nun wurde es aber Zeit, aufzubrechen, denn ich hatte ja noch eine lange Fahrt vor mir. Während ich meinen Kram in den Käfer packte, überlegte ich mir, was das nächste große Spähziel werden könnte. Die 01-Hochburg Hof oder doch wieder Rheine und ein Treffen mit Alex?

Die Stadtgrenze von Münster war noch nicht erreicht, als die Entscheidung fiel. Die Antwort auf die Frage »Hof oder Rheine« war: Hof und Rheine!

Die letzten 01er der DB

Die Idee mit dem Besuch in Hof war nun im Kopf, arbeitete dort weiter und war so stark, daß ich schon im September 1971 noch Nordbayern fuhr. Als ich am 10. 9. frühmorgens in München bei schönstem Sonnenschein startete, ahnte ich noch nicht, daß ich in Hof bei Dauerregen ankommen würde. Da ich aber sowieso, inspiriert durch meine Rheiner Späh-Bekanntschaft, hauptsächlich S/W-Aufnahmen machen wollte, war das nicht so schlimm.
Auch im Betriebswerk Hof wollte man, wie in Rheine, nichts von einer offiziellen Anmeldung wissen. Offenbar war mittlerweile der Verwaltungsaufwand für die Betreuung der vielen Eisenbahnfreunde schon zu groß geworden.

Neben den 01ern waren da natürlich noch die 50er von diversen Betriebswerken und die 44er aus Weiden. Auf einem Freistand fotografierte ich dann noch die kalte 086 346, die 086 171 war mit Rangierarbeiten im Bw beschäftigt.

Der Regen wurde immer stärker. Da ich nicht vollständig eingeweicht werden wollte, zog ich mich in den Schuppen zurück. Glücklicherweise hatte ich eine Blitzlicht-Ausrüstung dabei. So entstanden noch einige Aufnahmen, die das Werkstattpersonal bei Reparaturarbeiten an den Loks 001 088 und 001 111 zeigte.

Das Wasser in meiner Kleidung breitete sich weiter aus, bis ich bald nur noch den Wunsch hatte, im Trockenen an einem warmen Ofen zu sitzen. Die erste Hof-Expedition wurde abgebrochen. Aber trotz einer häßlichen Erkältung, die mich in den folgenden Tagen an dieses Späherlebnis erinnerte, wollte ich natürlich wiederkommen – bei richtig schönem Wetter!

001 181 gehörte zu den vom Personal wenig geliebten neubekesselten Maschinen. Vor dem E 658 verläßt die Lokomotive im März 1972 den Hofer Hauptbahnhof.

Mitte März 1972 gab es einige Tage Frühling mit sonnigem und klarem Wetter. Es war aber noch kalt genug, um den Abdampf aus den Schornsteinen der Dampfloks als herrliche weiße Wolken erscheinen zu lassen. Der Hofer Betrieb zeigte sich von seiner schönsten Seite. Das neu angelegte Album mit den S/W-Fotos von meinem letzten Hof-Besuch im September '71 hatte ich dann aber doch nicht mitgenommen!

Ich besuchte natürlich wieder das Bw und bei dem super Foto-Wetter war der Aufenthalt an der Rampe Oberkotzau – Hof angenehm. Fast alle im Herbst gesehenen 01er waren wieder im Betrieb zu beobachten: Die beim Personal beliebten Altbaukessel-Maschinen hatten es dem Späher natürlich besonders angetan. Ich fotografierte die 001 181, 103, 187, 192, 211, 088, 111 und 229 vormittags und mittags im Bw und im Bahnhof, dann die 001 088, 192, 181, 211, 168

Betriebsnummer	Hersteller	Baujahr (Baulos)	Fabriknummer
01 008	Borsig	1926	12000
088	Krupp	1930-31	1168
103	Henschel	1934	22460
111	Schwartzkopff	1934	10309
126	Henschel	1935	22568
131	Henschel	1935	22573
133	Henschel	1935	22575
150	Henschel	1935-37	22698
168	Henschel	1935-37	22716
169	Henschel	1935-37	22717
173	Henschel	1935-37	22721
180	Henschel	1935-37	22923
181	Henschel	1935-37	22924
187	Henschel	1935-37	22930
192	Henschel	1935-37	23244
199	Henschel	1935-37	23251
202	Henschel	1935-37	23254
211	Krupp	1937	1615
227	Henschel	1937-38	23558
229	Henschel	1937-38	23560
230	Henschel	1937-38	23561
234	RAW Mn	1938	3

Literatur:
Wenzel, H: Die Baureihe 01, Arbeitsgemeinschaft Eisenbahnkurier e.V. (1972)
D. Gerlach & G. Röhr: Die Triebfahrzeuge der DB und ihre Heimatbetriebswerke, Stand 31.12.1994. G. Röhr, Krefeld Bockum (1965).

erste Einsatzstelle	Heimat-Bw am 31.12.64	Heimat-Bw am 30.9.71 H: Hof; E: Ehrang	Bemerkungen N: Neubaukessel
Erfurt P	Kaiserslautern	H	
Hannover	Hof	H	
Frankfurt (M) 1	Rheine	H	N
Hannover	Trier	H	
Potsdam Gbf	Hannover	H	N
Kassel	Würzburg	H	N
Schneidemühl P	Rheine	E	N
Bebra	Gießen	E	
Königsberg	Treuchtlingen	H	
Königsberg	Gießen	H	N
Göttigen P	Deutzerfeld	H	
Paderborn	Kaiserslautern	H	N
Paderborn	Kaiserslautern	H	N
Bln-Lehrter Bf	Rheine	H	N
Deutzerfeld	Nürnberg Hbf	H	N
Hof	Rheine	E	N
Dresden Alt	Hof	H	
Königsberg	Hannover	H	N
Dresden Alt	Rheine	E	N
Nürnberg Hbf	Hannover	H	N
Deutzerfeld	Paderborn	H	N
Hof	Hof	H	*

ex 02 003 Henschel 1925. Nr. 20462, Umbau im RAW Meiningen

und 234 im Rampendienst. Die vielen 50er und 044er sollen in diesem der 01 gewidmetem Kapitel nicht weiter erwähnt werden. Die 086 493 stand warm im Bw. Die DR-Dieselloks konnten nicht mein Herz erwärmen – vielmehr empfand ich Trauer, daß ich die Dreizylinderloks der Baureihe 22 nie zu Gesicht bekam.

Zs 4 für Dg 7763

August 1972! Eine ganze Woche wollte ich mir für das Emsland Zeit nehmen. Dieses Mal näherte ich mich dem Dampflokparadies von Norden, da mich ein Studienkollege, der in Oldenburg zu Hause war, auf der Hin- und Rückfahrt spesengünstig begleitete.

Über Bad Zwischenahn ging die Fahrt durch das sommerlich fette Ostfriesische Flachland nach Leer, ein größerer Abzweigbahnhof an der Emslandstrecke. In Richtung Oldenburg nun schon fast ausschließlich Dieselbetrieb, das Bw Oldenburg Rbf bzw. das Bw Emden beheimatete keine 23er mehr für die Bespannung von Zügen dieser Relation. Dafür aber der erwartete lebhafte Dampfbetrieb auf der Strecke Münster–Rheine–Emden–Norddeich. Am nördlichen Ende des Bahnhofs Leer dominierte ein neueres Stellwerk und eine Schranke, die sicher zum Leid der Bevölkerung sehr häufig geschlossen war. Kaum hatte ich mich dann am vormittag des 23. 8. 1972 auf dem mittleren Bahnsteig postiert, als auch schon der erste Güterzug mit leeren Kohlenwagen in südlicher Richtung mit der 044 290 (ex 44 1290, Bw Emden) durch den Bahnhof donnerte. Und so gings weiter, ein Zug nach dem anderen: 044 199 (44 199, Bw Emden, mit Schürze) leerer Erzzug nach Norden, dann 043 100 (44 100 Öl, Bw Rheine) Erzzug nach Süden ... und dann die ersten Reisezüge mit 012 074 und der altbekannten 012 066. Mich amüsierten die Durchsagen des Bahnhofslautsprechers, der die vielen (Bus-)Anschlüsse den Reisenden mitteilte. Dabei endete fast jeder zweite Ortsname mit »Fehn«. In Erinnerung blieb mir z.B. das Umsteigeziel Westrhauderfehn. Später erfuhr ich, daß die sogenannten Fehndörfer entlang den kanalartigen Wasserläufen gebaut sind.

Der Nordwestwind wehte frisch, aber meistens schien die Sonne. So konnte ich es einige Zeit in Leer aushalten. Den Personenzügen, die von Oldenburg mit einer 216er Diesellok ankamen, wurde in Leer zur Weiterfahrt nach Emden eine Dampflok vorgespannt. Das konnte eine 012, aber auch eine 042 sein. Nachdem die 012 055 mit einem Gemischt-Güterzug durch den Bahnhof brauste, genehmigte ich mir in der Bahnhofswirtschaft eine Bockwurst. Gerade als ich die Wurst in den Senf tauchte und abbeißen wollte, kam er daher, der 4000-t-Erzzug mit zwei (Kohle-) 44er. Fürs Foto war es natürlich zu spät, ich konnte gerade noch die Nummer von einer Maschine registrieren (044 238, Bw Emden).

Neben den Ganzzügen des Montanverkehrs rollten auf diesem Streckenabschnitt auch Ganzzüge des Werkverkehrs der Volkswagen AG (Emden VW - Fallersleben VW). Diese Züge bekam ich bei meinem letzten Aufenthalt in Rheine an der Strecke Rheine Rbf - Münster nicht zu Gesicht, da diese vorher in Rheine Pbf in/aus Richtung Osnabrück abzweigen. Die Ganzzüge bestanden aus Schiebewandwagen oder Autotransportwagen und waren meistens mit einer 042 bespannt. Ein leerer Zug mit Autotransportwagen ratterte dann noch am späten Nachmittag bespannt mit der 051 581 (Bw Emden) in südliche Richtung.

Einer der letzten Züge, die ich noch in der untergehenden Sonne fotografierte, war ein Kohlenzug nach Emden, bespannt mit 044 267. Nachdem der schwere Zug in flotter Fahrt an mir vorbei dampfte, kam ich ins Grübeln: »44 267, war da nicht irgendwas? – Natürlich, das war der Saubock!« Da fiel mir auch ein, daß ich heute noch dringend in Rheine Lokführer Alex anrufen sollte um mein Kommen, das ich schon vorher angekündigt hatte, zu bestätigen.

Vom Gasthaus dann Anruf in Rheine. Alex erwartete mich. In der Nacht vom 25. auf den 26. August hätte er einen Plan! VW-Zug nach Löhne, mit 042, da könnte ich mitfahren!

Am nächsten Tag besuchte ich noch kurz den Bahnhof Leer um dann in Richtung Süden aufzubrechen. An einer Tankstelle freute sich ein ostfriesischer Tankwart wie ein Schneekönig als er mein Nummernschild mit »M« sah. Er konnte nicht fassen, daß diese Bayern bis hier hoch kommen. Im Strecken-Einschnitt bei Lathen verbrachte ich dann einige Stunden um die Züge zwischen diesen mit Erika bewachsenen Sanddünen zu fotografieren. Hier begegnete mir dann wieder der sogenannte »Lange Heinrich«, der 4000-t-Erzzug, Zuglok 043, Vorspann 044. Um auch mal eine der wenigen Zugförderungen mit Brennkrafttechnik abzulichten, sollte ein Triebzug der Baureihe 624 berücksichtigt werden.

Weitere Station in Lingen (Ems). Von einer Fußgängerbrücke beim Stellwerk Lnf konnte man gut die Strecke, den Bahnhof, die Einfahrt ins AW und ein Gefängnis – zu erkennen an den vergitterten, kleinen Fenstern – überblicken. Zu dem üblichen Verkehr der Emslandstrecke kamen hier noch Tankzüge für den Bahnhof Holthausen (Ems), meistens mit 042 bespannt. Im AW war die Lok 94 1692 als Denkmal aufgestellt.

Nachts kam ich dann in Rheine an. Ich fuhr bei Alex vorbei und teilte seiner Frau mit, daß ich morgen abend zum »Dienst« antreten werde. Er selbst war unterwegs.

Noch eine Hotelübernachtung. Als ich aufwachte regnete es. Ich beschloß, mal einen geruhsameren Tag einzulegen und schlummerte noch etwas weiter – das Frühstück könnte ich ja immer noch zum letztmöglichen Zeitpunkt einnehmen. Für die bevorstehende lange Nachtschicht mußte ich vorbereitet sein. Als ich dann gegen Mittag beim Pbf vorbeischaute, kam gerade wieder der Viertausender durch. Die Reihung 043 Zuglok + 044 Vorspann war wohl die Regel. Bei diesem Gespann lag die Hauptarbeit bei der leichter zu betreibenden Öl-Lok, während die Kohlelok nur bei erforderlichen Spitzenleistungen ihre Kraft entfalten mußte. Da es immer noch regnete, machte ich es wie im letzten September in Hof. Ich begab mich nach Hauenhorst in den Lokschuppen und beobachtete das dortige Treiben. Zu meiner Überraschung waren immer noch 011er anzutreffen (011 062, 011 072).

Gegen 18 Uhr klingelte ich dann an der Haustüre von Lokführer Alex. Seine Frau bat mich herein und führte mich zu einem Tisch, auf dem ein kleiner Imbiß gedeckt war. Alex kam auch gleich dazu und begrüßte mich sehr herzlich. »Und nach der Tour kannste dann bei uns

Nachtfahrten verlangten vom Lokpersonal stets besondere Konzentration, zumal die Sichtverhältnisse auf der Dampflok ohnehin recht eingeschränkt waren. Das Bild zeigt den Lokführer einer 044 des Bw Emden im August 1972.

schlafen«. Diese enorme Freundlichkeit machte mich wieder etwas verlegen. Ich war doch für diese Leute ein wildfremder Mensch!

Alex erläuterte mir dann was so für die kommende Nacht anstand: »Wie fahren den Dg 7763, das ist ein Leerzug für VW. Planlok ist eine 41er.« Ich jubilierte, was besseres hätte mir nicht passieren können. »Der geht nach Löhne. Wie wir zurückkommen, sehen wir dann schon. Vielleicht haben die noch was für uns«.

Da der Zug weit vor Plan in Rheine ankommen sollte, mußten wir um 20 Uhr im Bw sein um die Lok zu übernehmen. Der Lokwechsel war in Rheine P. Nachdem wir in Hauenhorst angekommen waren, ging Alex alleine auf die Lokleitung, denn »die brauchen nicht zu wissen, daß du dabei bist«.
Er kam mit schlechten Nachrichten zurück. »Es ist keine 41er da, wir kriegen eine 44er, die Emdener 044 664«. Natürlich war ich etwas

enttäuscht, aber eine Mitfahrt auf einer 44er vor einem Dg bei Nacht versprach auch ein tolles Erlebnis zu werden.

Die Lok war in der Nähe der Öl-Betankungsanlage abgestellt. Der Heizer, ein jüngerer Mann von etwa Mitte zwanzig, war schon dabei die Lok aufzurüsten. Er war sicher nicht sehr begeistert, einen dritten Mann mit auf dem Führerstand zu haben, da dieser nur hinderlich ist. Aber ein Heizer hat wenig Möglichkeiten, sich zu wehren, wenn ihm sein Führer einen Fahrgast aufs Auge drückt.

Über die Drehscheibe gelangten wir aufs Ausfahrgleis. Der Tender wurde nochmals randvoll mit Wasser gefüllt. Es war schon dunkel und bei wieder zunehmenden Niederschlägen fanden wir den Weg zwischen vielen Weichenlaternen und Gleissperrsignalen rückwärtsfahrend zum Pbf. Dort standen wir nun neben dem Gleis, auf dem der Dg aus Emden einfahren sollte. Die Beleuchtung der nahen Bahnsteige und des Bahnhofs war hell genug, um auf dem Führerstand einige Details zu erkennen. Die führerstandseigene Beleuchtung war nur als Funzel zu bezeichnen – die Lampe war sehr stark verrußt, so daß nur wenig Licht nach außen drang. Die Lok machte keinen besonders gepflegten Eindruck, die Gläser einiger Instrumente waren mit Sprüngen versehen, andere waren sehr verschmutzt. Der Heizer war unzufrieden, denn die Maschine wollte nicht richtig Dampf machen. Schon die vorangegangene Mannschaft hinterließ einen entsprechenden Mängelbericht. Die Rauchkammertüre schien nicht richtig dicht abzuschließen, dadurch entstand kein optimaler Unterdruck in der Rauchkammer für die Ansaugung von Luft durch den Rost. Als Konsequenz litt das Feuer unter Sauerstoffmangel. Der Kessel hatte erst 14 Bar Dampfdruck, bis zur Abfahrt sollte die 16er Marke erreicht werden.

Während der Bläser arbeitete, fragte ich Alex, was aus dem Saubock 044 267 geworden war, ich hätte die Lok vor drei Tagen in Leer gesehen. Er meinte, so wie sich das mit dieser Lok heute anlasse, sei die 267 noch Gold. Der Meister machte dann ein überraschendes Angebot: »Du könntest auf dem Wartegleis mal ein Stückchen hin und her fahren, daß du mal siehst, wie das so geht.« Zögerlich stellte ich das Steuerungshandrad auf Vorwärtsfahrt – Alex sagte mir, wie weit ich

Geschafft: In Rheine Personenbahnhof wechselt im August 1972 das Personal der Schnellzuglokomotive 012 064.

zu drehen hatte. Dann wurde die Luftleitung aufgefüllt, das Arbeiten der Luftpumpe war nicht zu überhören. Die Zylinder-Entwässerungsventile wurden sodann über einen Hebelzug geöffnet. Jetzt sollte ich den Regler betätigen. Da ich immer noch zögerte, ergriff Alex energisch meine Hand und führte sie zum Regler. Pfomm – pfomm – pfomm gings los, dann Regler wieder schließen und mit dem Zusatzbremsventil Luft aus der Bremsleitung entweichen lassen. Mit quietschendem Geräusch kam die große Lok zum Stehen. Nun das ganze wieder zurück, das Steuerungshandrad auf Rückwärtsfahrt, Bremsen lösen, Regler und pfomm, pfomm, pfomm zurück zum Ausgangspunkt.

Während der Heizer seiner schweren Arbeit nachging hatte er nur ein mitleidiges Lächeln für mich übrig. Ein Blick ins gelb brennende Feuer genügte, um die ursprüngliche Diagnose zu bestätigen. Alex meinte, daß ich nun mal eine Schaufel Kohle in die Kiste schmeißen könne. Aus Rücksicht auf den Heizer wollte ich aber auf diese Erfahrung auch in Anbetracht der aktuellen Schwierigkeiten verzichten.

Es war schon nach 22 Uhr, als ein langer Ganzzug, bestehend aus Hbis-Wagen, auf dem Nachbargleis einfuhr und mit quietschenden Bremsen zum Stehen kam. Wir konnten in den Führerstand der Zuglok 042 218 sehen. Die Personale kannten sich natürlich und riefen sich einige Worte zu, die ich nicht ganz verstand. Die 042 war schnell abgekoppelt und verschwand in Richtung Bw. Jetzt waren wir an der Reihe. Das Gleissperrsignal zeigte schon Sh 1. Ein Rangierer zum Kuppeln und für die Bremsprobe stand bereit. Da nur ein Lokwechsel stattfand, war die Zeremonie der Bremsprobe schnell erledigt.

Der Zeiger des Manometers von 044 664 stand knapp vor der 16 Bar Marke, der Schornstein qualmte. Das Ausfahrsignal zeigte Hp 2 und Alex rief »zwei Flügel«, obwohl es sich um ein Lichtsignal handelte. Alex gab einen Achtungspfiff, griff in den Regler und los gings. Da es sich um einen Leerzug handelte, sollte die Flachlandstrecke auch mit einer nicht so optimal arbeitenden Lok gut zu schaffen sein. Laut Plan waren für die 124 km 2 Stunden vorgesehen. Schnell ließen wir Rheine Pbf hinter uns und fuhren hinaus in die Nacht. Bei der Abzweigung Emsbrücke bediente der Heizer schon wieder das Feuer. Am Führerstand ratterte und klapperte alles und besonders das Verbindungsblech zwischen Lok und Tender, auf dem ich hinter dem Lokführer stand, führte ein erhebliches Eigenleben. Ich erinnerte mich an die Geschichte »Lok 17 1179 fährt Fernschnellzug« aus dem Buch »Geliebte Dampflok« von K.E. Maedel, die ich als Jugendlicher zigmal las und in der die Erlebnisse eines dritten Mannes auf dem Führerstand sehr einfühlsam geschildert werden. Aber Dg 7763 war alles andere als ein Fernschnellzug!

Ich versuchte nun den Buchfahrplan, der in einem schlecht beleuchteten Kästchen eingeklemmt war, zu entziffern. Zwischen Rheine Pbf und Osnabrück war eine Geschwindigkeit von 80 km/h vorgeschrieben. Alex meinte, daß das der Plan für eine 41 sei, und mit dem Bock schafften wir das eh nicht. Der Buchfahrplan wurde vom Lokführer auch gar nicht besonders beachtet. »Wie fahren so schnell wie möglich, ohne Mensch und Maschine zu schinden, und die Strecke kennen wir sowieso auswendig. Man muß aber immer wissen, wo man gerade ist«. Kilometersteine huschten an uns vorüber.

Wegen der schlechten Beleuchtung wußte ich aber trotzdem nicht, wo wir genau waren; man bräuchte halt so große und starke Scheinwerfer wie bei den Elloks der ÖBB! Der Tacho zeigte 65 km/h. Als wir einen Streckenposten passierten, fiel mir die Geschichte von der offenen Schranke ein.
Blocksignal um Blocksignal wurde ausgerufen. In Ibbenbühren, das wir gemächlich durchzockelten, waren die Bahnsteige hell beleuchtet, bei Langenbeck begegnete uns ein Dieseltriebwagen (624) und kurz danach ein dampfgeführter Güterzug. Ich konnte die Baureihe der Zuglok nicht erkennen. Bei Osnabrück-Eversburg sah man am Nachthimmel schon den Schein der Großstadt, zwei SBK's (Selbstblock), dann das Vorsignal für die Einfahrt Osnabrück Hbf: Vr 2, Langsamfahrt erwarten.

Die Geschwindigkeit wurde reduziert und mit 40 km/h rollten wir mit unserem Leerzug durch Osnabrück Hbf Pu, den unteren Teil eines in zwei Etagen angelegten Bahnhofs. Die Bahnsteige waren um diese Zeit leer, nur ein Aufsichtsbeamter nahm von unserer Fuhre Notiz. Ohne zu Halten gings dann vorbei an der ausgedehnten Anlage des Rangierbahnhofs Osnabrück. Neben etlichen modernen Triebfahrzeugen (die Strecke nach Hamburg war seit einiger Zeit elektrifiziert) konnte ich auch eine 042 vor einem Zug entdecken.

Das Manometer zeigte einen Kesseldruck von 15 Bar und der Heizer kämpfte. Auf meinem Standplatz wurde es nun zunehmend ungemütlicher. Der Regen ließ zwar nach, aber auch im August kann eine Nacht kalt sein. Nach der Abzweigung Seilerweg konnte der Zug wieder beschleunigt werden. Mit der qualmenden Lok und maximal 65 km/h durchfuhren wir Wissingen, Melle, Bruchmühlen und Ahle. Als wir Bünde passierten, sahen wir einen Scheinwerfer an einem Fenster des Stellwerks Bo. Eine Tafel wurde beleuchtet, die der Fahrdienstleiter uns entgegenhielt. Als wir näher kamen, erkannte ich die rotgeränderte dreieckige Scheibe mit einem schwarzen K.

Das Signal Zs 4 ist der Beschleunigungsanzeiger »Fahrzeit kürzen«. Laut Signalbuch wird damit einem Zug der Auftrag erteilt, bis zur nächsten Zugfolgestelle die Geschwindigkeitsgrenzen des Fahrplans auszunutzen, um andere Züge nicht aufzuhalten.

Alex bestätigte die Wahrnehmung des Signals mit einem Achtungspfiff (Zp 1), dem noch ein paar unfreundliche Worte nachgeschickt wurden. »Können wir doch nix für, wenn der Bock nicht läuft!« Wir hatten offenbar einen schnelleren Zug mit Vorrang im Rücken. Alex meinte, daß wir sicher bei der nächsten Gelegenheit zur Seite gestellt werden.

Am Einfahrsignal von Kirchlengern dann Hp 2 mit Vr 0, Langsamfahrt und Zughalt erwarten. Kurz vor dem Ziel, bis Löhne waren es nur noch 15 Kilometer, wurde unsere Fahrt unterbrochen, wie es ja zu erwarten war. Da standen wir nun mit unserem Qualmkasten und warteten auf die Überholung. Der Heizer versuchte das Feuer aufzubauen - die Einfahrt in den Bahnhof Löhne liegt in einer Steigung, wofür wir noch etwas Dampf brauchten. Die Stimmung auf der Lok wurde jetzt gelöster, das schlimmste hatten wir hinter uns. Es regnete nicht mehr und der Wind frischte auf. Bei K.E. Maedel wäre jetzt die Zeit für die Zigarren gekommen, doch ich hatte keine. Also sprach ich eine Einladung zu einem Bier aus. Kaum gesprochen kam mir dann der Gedanke, daß Bier im Dienst vielleicht gar nicht erlaubt ist - na ja, irgendwie wird sich das schon richten. Da brummte an uns ein 624er Triebwagen vorbei, drinnen waren kaum Fahrgäste zu erkennen - kein Wunder bei der fortgeschrittenen Zeit.

Dann wieder »zwei Flügel« und die letzte Etappe begann. Zum Einfahrsignal H des Bahnhofs Löhne gings wegen eines Kreuzungsbauwerks bergauf. Aber die Lok lief, vielleicht wegen des nahen Ziels, gar nicht so schlecht. Das Vorsignal zeigte Vr 0, Halt erwarten. »Verd…Sch…« fluchte Alex, »jetzt noch der Halt auf der Rampe!« Die letzten Meter vor dem Signal wurde der Zug bei gelöster Bremse mit der Zusatzbremse der Lok alleine zum Stehen gebracht. Dadurch werden die Pufferhülsen der Wagen zusammengedrückt, was bei erneutem Anfahren die Haftreibung überwinden hilft. Mit 16 Bar standen wir vor dem Signal und das rote Licht leuchtete hämisch grinsend auf uns herab.

»Zwei Flügel« - die Ackermänner (Sicherheitsventile Bauart Ackermann) bliesen mit einem Knall in die Abendluft - »jetzt aber los!« rief Alex. Ohne zu Schleudern wurde der Zug schnellstmöglichst beschleunigt. »Wir wollen doch nicht die Leute in Löhne aufwecken!« Die Ventile waren dann schnell wieder ruhig.

Im Bahnhof Löhne war noch viel los. Wir wurden abgekuppelt und fuhren ins Bw, natürlich zuerst ans Wasser. Kohle wurde kaum verbraucht, die sollte bis Rheine noch ausreichen. »Wenn die uns weiter weg schicken, könnten wir immer noch bunkern«, meinte der Heizer. Der Drehscheibenwärter rief uns zu, daß das Bier schon bereit stünde. Die Sache mit der Einladung löste sich so ganz unkompliziert.

Gegen ein Uhr saßen wir im kargen Aufenthaltsraum und tranken Bier. Alex war unruhig, er hatte keine Lust, hier in Löhne lange zu warten. Während er auf der Lokleitung die nächste Leistung aushandelte, kam ich mit Bernd, dem Heizer, etwas ins Gespräch. Familie, Freundin, Frau, Kinder, Hobby. Bald war Alex wieder bei uns. «Wir fahren nach Hause!«

Da erst in ein paar Stunden eine Zugleistung nach Rheine zu fahren war, fuhren wir Lz, also Lok alleine. Bei der Bw-Ausfahrt schickte mich Alex zur Sprechsäule: »Laß Dir mal die Zugnummer geben!« Ich drückte die Taste und eine metallisch schnarrende Stimme antwortete. »Lok alleine nach Rheine«, rief ich in den gelben Kasten – in der Pause, in der mein Gesprächspartner die Zugnummer heraussuchte wurde mir erst bewußt, daß sich das reimte. »Awrk - Heute sind wohl wieder die Dichter unterwegs – 78278 – awrk« In dem Moment erschienen schon die zwei weißen Lichter des Sperrsignals.

Schnell waren wir wieder auf der Strecke. Die Lok lief jetzt mit etwa 70 km/h. Im Fahrplanhalter war immer noch das Buchfahrplanheft 3 B, also fragte ich Alex, ob nicht der Plan für Lz 78278 eingelegt werden müsse. Doch der Meister hatte für mein Ansinnen nur ein müdes Lächeln übrig: »Da liegen sicher noch ein paar Hefte rum, Du kannst Dir ja für zu Hause ein paar mitnehmen. Aber für Lz brauchen wir nix schriftliches; alle Geschwindigkeiten und Bahnhöfe sind bekannt!« Die Stellungen von Regler und Steuerung blieben bis Osnabrück weitgehend konstant, deshalb meinte Alex, ich könnte ruhig mal auf dem Lokführersitz Platz nehmen. Das war zwar bequemer als das ständige Stehen, doch ich spürte die Verantwortung und ich konnte immer noch nicht jeden Moment sagen, wo wir genau waren. Deshalb war mir dann mein wackeliges Blech doch lieber.

Hinter Osnabrück fing auch der Regen wieder an. Ich wurde nun doch müde und ich freute mich auf ein Bett. Ab der Abzw Emsbrücke wurden wir nun direkt über den Rbf ins Bw geleitet. Zuletzt fuhren wir sogar noch über den Ablaufberg, aber das war wohl die kürzeste und vielleicht gerade einzige freie Trasse. Im Rbf war viel los, Erzzüge wurden angenommen und abgefertigt. Aber ich hatte keine großen Kapazitäten für die Aufnahme dieser Eindrücke mehr frei.

Endlich im Bw, Kohle und Wasser fassen, Entschlacken. Alex mühte sich ab, den Schreibkram bei der schlechten Beleuchtung hinzukriegen. Mit der Taschenlampe in der Hand füllte er die Formulare aus. Der Ärger mit der defekten Rauchkammerabdichtung wurde bürokratisch an die nächste Schicht übertragen. Auf die Frage an den Drehscheibenwärter, wo er uns denn abstellen wolle, antwortete dieser: »Bei die Uhr«. Gemeint ist eine aufgeständerte Uhr im Bereich der von der Drehscheibe ausgehenden Freistände.

Dann zu Alex nach Hause. Dieser war noch fit und wollte mit mir noch ein Bier trinken. Da mir aber während der sicher sehr einseitigen Unterhaltung bei grauendem Morgen immer öfter die Augen zu fielen, wurde ich schließlich »vom Dienst befreit«.

In München wurden aus meiner Sammlung von Buchfahrplänen die Hefte mit den Lz-Fahrten dem Altpapier übergeben. Das fiel mir auch deshalb leicht, weil, laut Aufdruck, diese sowieso nicht für Dritte geeignet waren. Im Emsland war ich dann noch 1974 und 1976, zuletzt konnte ich die Spähtour dann schon mit einer Dienstreise nach Münster, natürlich spesengünstig, verbinden.

Die verschlungenen Wege der Pasinger Abstellzüge

*D*er Betriebsablauf in einem Kopfbahnhof, wie dem Hauptbahnhof München, ist komplizierter als bei einem Durchgangsbahnhof. Als vor der ICE-Triebwagen-Epoche noch überwiegend lokbespannte Zugfahrten abzuwickeln waren, mußten fast alle im Kopfbahnhof endenden Züge abgezogen und auf einem geeigneten Gelände abgestellt werden. Nur bei durchgehenden Fernverbindungen von/nach Garmisch, Salzburg und über Innsbruck zum Brenner-Paß war dies nicht erforderlich. Im Bereich des Hauptbahnhofs ist der Abstellraum begrenzt, deshalb werden immer noch viele Leergarnituren bis an die westliche Stadtgrenze befördert. Im Abstellbahnhof Pasing-West werden die Reisezugwagen nicht nur geparkt. Ein Betriebswagenwerk und eine Waschanlage sorgen für das »leibliche Wohl«.

Für diesen sehr aufwendigen Verkehr mußten natürlich Triebfahrzeuge bereitgestellt werden. Traditionsgemäß verdienten die zur baldigen Ausmusterung anstehenden Loks der Direktion München ihr Gnadenbrot im Abstelldienst. Mitte der sechziger Jahre konnte man hier hauptsächlich die E 32 und die E 75 beobachten. Aber auch alle anderen Lokbaureihen, für die die Lokleitung Wende- oder Standzeiten nützlich überbrücken konnte, wurden in diesen Diensten eingesetzt. So konnte man eine E 04 oder E 94, manchmal sogar eine E 91 oder eine 78er vor diesen Zügen erleben.

Nachdem die letzten Dampfer in Hof, Crailsheim und Rheine abgelichtet waren, konnte ich mich wieder mehr dem heimischen Betrieb widmen. Die E 32 waren inzwischen verschwunden. Eine der letzten, die 132 027 († 1.8.1972), war schon als Museumslok konserviert worden. Bis 1977 fand man in den Abstelldiensten sehr häufig die

E 32 27 hat am 19. September 1971 einen Reisezug in München Hbf bereitgestellt. Die Lok (noch mit alter Nummer!) wurde als letzte E 32 der DB am 25. 9. 71 z-gestellt und am 1.8.72 ausgemustert.

E 16 (Bw Freilassing) und die E 44 (mehrere Bw), seltener die E 17 aus Augsburg. Die verschlungenen Wege der Abstellzüge (siehe Übersichtsplan), die auf »besondere Anweisung des Bahnhofslautsprechers« * in München Hbf von der Direktroute München Hbf–München Pasing Pbf (Fernbahn Augsburg/Lindau) abweichen konnten, waren fotografisch nur unter Verwendung des Fahrrades auf verbotenen Wegen über DB-Betriebsgelände zu verfolgen. Denn das Fotografieren der klassisch-schönen Altbauelloks am schwarzen Weg unter der Donnersberger Brücke war für den fortgeschrittenen und bildtechnisch anspruchsvoller gewordenen Späher inzwischen keine Herausforderung mehr.

Während die E 17 und die E 44 (117 bzw. 144) in ihren letzten Jahren vom äußeren Erscheinungsbild teilweise als fahrbarer Schrott zu

---

* so geregelt im Anhang zu den Fahrdienstvorschriften in den Buchfahrplänen der Abstellzüge der BD München.

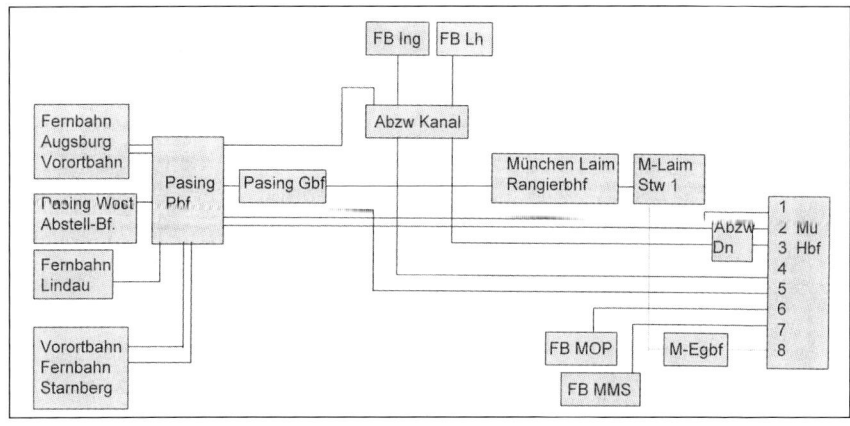

Übersichtsplan:
Strecken im Abstellverkehr München Hbf – München Pasing West
——————— zweigleisige Hauptbahn
——————— eingleisige Hauptbahn

1	Vorortbahn (S-Bahn)	Abzw Kanal	Abzweigung Kanal
2	Fernbahn Starnberg	Abzw Dn	Abzw. Donnersberger Brücke
3	Fernbahn Landshut (-Regensburg)	MOP	Mü-Ost Pbf
4	Fernbahn Ingolstadt	MMS	Mü-Mittersendling
5	Fernbahn Augsburg/Lindau	Pbf	Personenbahnhof
6	Fernbahn MOP	Gbf	Güterbahnhof
7	Fernbahn MMS	Egbf	Eilgüterbahnhof
8	Abstellbahn Egbf / M-Laim	Ing	Ingolstadt
Stw	Stellwerk	Lh	Landshut

klassifizieren waren, hat das Bw Freilassing seine 116 bis zuletzt bestens gepflegt. Der Anstrich war tadellos: Grün der Lokkasten, schwarz der Rahmen und die Messingteile des Buchli-Antriebs glänzten als ob sie jeden Tag frisch poliert worden wären. Ein besonders guter Fotostandpunkt für die Abstellzüge ist die Strecke Abzw Kanal –Pasing Pbf und die Einfahrt in den Abstellbahnhof, die von der Brücke der viergleisigen Strecke Pasing–Augsburg überspannt wird.

In Würdigung meines inzwischen leider verstorbenen Lokspäh-Kollegen Konrad Hierl muß bei diesem Kapitel ein Meisterfoto aus sei-

116 018 ist im Juli 1972 mit einer Leergarnitur auf der Abstellbahn in der Nähe der Abzweigstelle »Kanal« unterwegs.

ner Hand erwähnt werden, das im E 32-Buch von Frank Lüdecke (Freiburg 1980) abgedruckt wurde. Das Bild zeigt zwei parallel fahrende Abstellzüge, bespannt mit E 32 101 auf der Ingolstädter und E 32 107 auf der Landshuter Fernbahn (im Übersichtsplan Strecken Nr. 3 und 4) beim Unterfahren der alten Friedenheimer Brücke.

Derartige Lok Wettrennen zwischen zwei Abstellzügen konnte man damals fast täglich erleben und waren wohl bei den beteiligten Lokführern beliebt. Die parallele Streckenführung forderte diese Rennen sicher heraus, obwohl die freie Durchfahrt zur Abstellbahn an der Abzweigung Kanal für den »Sieger« nicht unbedingt gewährleistet war.

01 111 vom Bw Trier wendet im Juni 1967 im Bw Koblenz-Mosel. Im Hintergrund lugt die Neubautenderlok 82 020 aus dem Schuppen.

01 1059 (Öl, Bw Osnabrück Hbf) mit einem D-Zug aus Hamburg in Wanne-Eickel, August 1965.

An einem Abend des August 1966 passiert die 78 489 (Bw München Hbf) den Münchner Vorortbahnhof Mittersendling mit einem Eilzug in Richtung Holzkirchen. An den Wänden des Bahnhofs sind Emaille-Reklametafeln für Wolle- und Lack-Produkte angebracht.

78 229 (Bw Duisburg Hbf) wartet im Juli 1965 vor einem Personenzug nach Wesel in Duisburg Hbf auf Ausfahrt.

Rechte Seite oben: 38 3439 und 38 4035 (Bw Schwandorf) als Wendeloks im Bw Nürnberg Hbf, April 1966. Die 38 4035 war zuvor in München Hbf beheimatet; sie besitzt ein geschlossenes Führerhaus und ist für die Bespannung von Wendezügen ausgerüstet.

Rechte Seite unten: 57 2147 (Bw Nürnberg Rbf) in Nürnberg Rbf, April 1966.

Die moderne Bundesbahn: Im August 1965 bildete VT 11 5018 den TEE »Diamant«. Das Foto zeigt die elegante Garnitur beim Zwischenhalt in Duisburg Hbf.

Der »Rheinpfeil« war einer der Paradezüge der DB. Schon die Farbgebung signalisierte den besonderen Stellenwert des Zuges. E 10 1308 vom Bw Nürnberg Hbf wartet 1965 in München auf Ausfahrt.

Dampf hinter dem »Eisernen Vorhang«: Im Depo Praha Stred wartet CSD 434.1135 auf neue Aufgaben, doch auch in der tschechischen Hauptstadt wartet schon die Dieselkonkurrenz.

Schon wieder verhaftet!

Anfang der siebziger Jahren konnte man schon eine Reihe von Publikationen erwerben, die dem Lokspäher wertvolle Informationen für sein »Handwerk« gaben. Wann und wo welche Lok am besten zu fotografieren war ist in bebilderten Artikeln ausführlich dargestellt worden. An diesen Orten war man dann auch nie alleine, das exklusive Bild war kaum mehr möglich. Der einsetzende Dampflok-Massentourismus ging soweit, daß sich die Leitung des Bw Rheine überlegte, das Fotografieren im Bw-Gelände zu verbieten, nachdem ein Fan im Februar 1976 in den Schlackensumpf gefallen war.

Für mich war das Notieren von Loknummern kein Geschäft mehr, denn auch ständig aktualisierte Listen der Triebfahrzeuge mit zugehörender Beheimatung waren inzwischen erhältlich.

Nachdem die wesentlichen Orte im Bereich der DB und ÖBB abgegrast waren, wollte ich mich mit dem zunehmenden Einerlei im Betriebsgeschehen der DB nicht begnügen. Bei den Eisenbahnen jenseits des Eisernen Vorhangs sollten laut Berichten von Späh-Pionieren noch richtige Dampflok-Hochburgen existieren. Da ich Loks aus der »SBZ« bereits über den Grenzverkehr nach Hamburg und Bebra kennenlernte, sollte als geographisch naheliegendes Ziel die Tschechoslovakei ins Visier genommen werden. Eine Stadt mit dem Namen Liberec wurde als lohnendes Ziel dem Dampflokfreund empfohlen.

Eine Reise nach Böhmen bot auch touristische Sehenswürdigkeiten, wie z.B. die Altstadt von Prag. So konnte ich die Tour, ausgerüstet mit Zelt und VW-Käfer, auch meiner weiblichen Begleitung zumuten. Monika kannte meinen Splien schon von diversen Reisen nach Österreich, wo sie mit mir geduldig den Erzverkehr am Präbichl-Paß bei strömendem Regen auspähte.

Selbstverständlich mußte bei dieser Tour in den Osten (Start 13. 8. 1973) in Schwandorf Station gemacht werden, um den mittäglichen Personenzug N 3228 (Regensburg-Weiden-Hof) zu fotografieren. Damals schleppte ich eine große Tasche mit drei Fotoapparaten mit mir herum – neben einem Apparat mit Diafilm noch einer für Schwarz-Weiß-Fotos und einer mit einem Film für Farb-Negative. Zusammen mit den diversen Objektiven hatte ich mir da einiges Gewicht auf meine Schultern geladen. Aber so konnte ich von der 001 111, die an diesem Tag den 3228 bespannte, auch mal ein S/W-Foto schießen. Der immer noch rege Dampfverkehr in Schwandorf ermöglichte auch noch Fotos von 050 253 und 052 806.

Dann weiter über Pilsen nach Prag. Dem Freund des Schienenverkehrs gefielen in der »Goldenen Stadt« natürlich die uralten Straßenbahnen, die quietschend durch die Altstadt ratterten. Auch diese wurden ausführlich fotografiert. Am Hauptbahnhof dominierte die elektrische Traktion und so mußte ich mich dort nicht allzu lange aufhalten, was mein »Geduldskonto« bei Monika schonte. Über dem Rangierbahnhof Praha-Smichov spannt sich eine Brücke, an der kein Lokspäher vorbeigehen kann. Als ich mich in Position stellte, was sicher im Gegensatz zum üblichen Fußgängerstrom auffiel, sprach mich ein älterer Mann an: »Gehn Sie weg von de Bricke, in Smichov wohnen bäse Leite!« Er wollte mich vor Agenten der Transport-Polizei warnen. Aber dieser Ort war sowieso nicht besonders interessant, denn auch hier ausschließlich Elektro- und Diesel-Traktion.

Zufällig passierten wir am 15. 8. 73 ein Gelände mit älteren Gebäuden, das von einem hohen Maschendraht-Zaun umgeben war. Vereinzelt war Rauch zu sehen – ein Dampf Bw! Es handelte sich um das Depot Praha Stred. Hinter dem Zaun waren die typischen alt-österreichischen Lokschuppen aus der Zeit der kkStB* zu erkennen, die im gesamten Gebiet der ehemaligen Donaumonarchie von Galizien bis nach Slowenien anzutreffen sind. Vereinzelt standen vor den Schuppen Dampfloks.
Da der Zaun entlang einer belebten Straße führte, traute ich mich zuerst nicht mit dem Teleobjektiv durch die Drahtmaschen zu spähen.

Kaiserlich-königliche Österreichische Staatsbahnen

Doch Monika ermutigte mich und gab mir Deckung. Einige Fotos der CSD**-Loks 534 0341 (1'E h2), 534 0443, 434 1135 (1'D h2), und der eleganten 2'D1' h3 Reisezuglok 475 155 wurden in Eile mit bangem Herzen geschossen.

Als wir gerade wieder einsteigen wollten, blieb hinter unserem Käfer ein Auto stehen. Der Fahrer stieg aus und kam auf uns zu. »Jetzt ist's passiert« dachte ich und sah mich schon in Handschellen. Doch der Mann sprach Deutsch, ziemlich gut sogar, und er hielt nicht wegen des verbotenen Fotografierens. Er fragte uns, ob wir zufällig eine Kupplung für einen VW-Käfer dabei hätten, er wolle sie uns abkaufen. Erleichtert fuhren wir zum Campingplatz zurück. Ähnliche Anfragen sollten wir auf unserer Reise noch öfters erleben.

Erst jetzt konnte ich die Eindrücke vom Depot Praha-Stred ordnen. Unter Berücksichtigung des Nummernschemas der CSD ist eine Dampflok der Ordnungsnummer 475 vierfach (D) gekuppelt (erste Stelle: 4) mit einer Höchstgeschwindigkeit von 100 km/h, ausgedrückt durch die zweite Stelle: [7+3]x10 = 100. Die letzte Stelle gibt den Achsdruck an: 5+10=15 t ***. Die Baureihe 534 ist eine leichte Güterzuglok mit vierachsigem Tender, einer Höchstgeschwindigkeit von 60 km/h und einer Achslast von 14 t. Bei der Baureihe 434 müssen Unterbauarten berücksichtigt werden. Mit dem typischen Verbindungsrohr zwischen den Kesseldomen ist diese Lok von der kkStB-Baureihe 170 abgeleitet, der Tender ist dreiachsig.

Als nächstes Ziel stand Liberec (früher Reichenberg) auf dem Programm. Am 17. August erreichten wir den düster und gräulich wirkenden Industrieort an der Neiße. Bei der Suche nach dem Campingplatz kamen wir schon am Bahnhof vorbei, den ich einer Kurzinspektion unterzog. Es rauchte gewaltig und da spannte sich eine Fußgängerbrücke quer über alle Geleise des ziemlich ausgedehnten Betriebsgeländes. Die Anlage ähnelt mit einem bebauten, breiten Hauptbahnsteig inmitten der Geleise dem Bahnhof Salzburg. Von der

** *CSD: Ceskoslovenské Státni Dráhy (Tschechoslowakische Staatsbahnen)*
*** *Siehe auch: Griebl-Schadow, Verzeichnis der Deutschen Lokomotiven 1923-1965, Verlag Josef Otto Slezak, Wien (1967)*

Das Eisenbahn-Fotografieren in Liberec entbehrte nicht eines gewissen Nervenkitzels. Doch wurde der Wagemut auch belohnt: 434.221 rangiert am 18. August 1973 im Bahnhofsbereich.

technischen Ausstattung (Signale, Weichen) war eine Mischung aus der letzten kkStB-Epoche und der Reichsbahn-Epoche 2b auszumachen. Das mußte ich mir genauer anschauen!

Zuerst wurde das Zelt aufgestellt. Am nächsten Vormittag konnte mich dann nichts mehr halten. Zu Monika sagte ich, daß ich mal geschwind beim Bahnhof vorbeischaue, in längstens zwei Stunden wäre ich wieder zurück. Ich war nun nach der Erfahrung in Prag schon wieder mutiger geworden und stellte mich auf die Brücke. Der Betrieb war so faszinierend, daß ich eine etwaige Verhaftung einfach riskierte.

In kurzen Abständen sah ich einen Dampfzug nach dem anderen. Die meisten Güterzüge waren mit der Baureihe 556 bespannt, eine 1'E h2 Neubaudampflok der CSD mit fünffachsigem Tender. Besonders auffällig waren Loks mit blauen Windleitblechen, die zusammen mit dem obligatorischen roten Stern an der Rauchkammertür einen wohltuenden Kontrast zu der gräulichen Umgebung bildeten.

Die schon aus Prag bekannte 534er war ebenfalls vertreten. Im Betriebswerk, das ich mit dem Teleobjektiv optisch einigermaßen heranholen konnte, standen große 2'D2'-Tenderlokomotiven mit Windleitblechen und seitlichen Wasserkästen. Es handelte sich wohl um die Baureihe 464.0, eine Heißdampf-Zweizylindermaschine, die in den Jahren 1934-35 gebaut wurde und von der 15 Exemplare 1939-1945 in den Bestand der Deutschen Reichsbahn (DRB) als Baureihe 68 übergingen. Eine Lok, die mir besonders gut gefiel, war auch hier wieder im Rangierdienst zu beobachten: Die 434er mit dem charakteristischen Verbindungsrohr zwischen den Kesseldomen.

Ich hatte schon einige Fotos geschossen. Was noch fehlte, war ein Bild der mächtigen 2'D2' Tenderlok. Ich wollte noch mindestens so lange auf der Brücke bleiben, bis mir diese Maschine vor die Linse kam. Ich mußte nicht mehr lange warten – ein Personenzug mit dieser Lok fuhr in den Bahnhof ein. Als ich meine Kamera in Position bringen wollte, sah ich im Augenwinkel einen uniformierten Menschen auf mich zukommen. Schnell verstaute ich die Kamera wieder in meiner Tasche und versuchte, möglichst unschuldig dreinzuschauen. Da war der Polizist auch schon bei mir. Er sprach mich an, natürlich auf tschechisch. Als ich ihm signalisierte, daß ich nichts verstand, packte er meine Tasche mit den Fotoapparaten und dann war da wieder dieser Griff an meiner Schulter, den ich schon acht Jahre zuvor in Hohenbudberg zum erstenmal verspürt hatte.

Der Polizist führte mich runter von der Brücke und rein ins Bahnhofsgebäude. In einem Dienstraum wurde mir ein hölzerner Stuhl an einem hölzernen Tisch zugewiesen. Zwei weitere Polizisten kamen dazu. »Wie sehr sich doch die Bilder gleichen«, dachte ich, »das war doch vor acht Jahren eine ziemlich ähnliche Situation. Oder sollte ich das hier viel ernster nehmen, festgehalten im feindlichen Osten?«

Mein Paß wurde inspiziert und die Männer redeten auf mich ein, mal heftig, dann wieder leiser. Als sie schließlich kapierten, daß ich kein Tschechisch verstand, holten sie einen älteren, etwas dicklichen, aber gemütlicher wirkenden Polizisten zur Unterstützung. Er sprach sehr gebrochen Deutsch. Er wollte mir anscheinend mitteilen, daß ich schon von Anfang an beobachtet worden war. Erst mein längeres Verbleiben auf der Brücke führte zur Verhaftung. Dann sagte er etwas über den Fotoapparat, was ich aber wieder nicht verstand.

Nach einiger Zeit kam eine ältere Frau, um bei der Übersetzung zu helfen. Sie war wohl Sudetendeutsche und sprach mit dem typischen Akzent fließend Deutsch. Sie machte mir klar, daß ich bei Herausgabe des Films wieder ein freier Mann sei. Auf der einen Seite war ich erleichtert, daß ich wohl nicht mit einer längeren Haftstrafe zu rechnen hatte, auf der anderen Seite wollte ich die Bilder von der Brücke nicht verlieren. Ich erzählte, daß auf dem Film so viele schöne Aufnahmen von Prag wären und der Verlust träfe mich sehr hart. Ansonsten gäbe es auf dem Film nur zwei Aufnahmen vom Bahnhof, den es in dieser Form schließlich in der Zeit der Österreichischen Staatsbahn auch schon gab.

Doch diese Ausreden ließen die Polizisten nicht gelten. Sie wollten den Film.
Da kam mir eine Idee. Ich nahm aus meiner Tasche den Fotoapparat mit dem Schwarz/Weiß-Film. Auf die Bilder der 01 111 konnte ich verzichten. Mit traurigem Gesicht bot ich den Film an. Die Polizisten

CSD Betriebs-Nr. Depot in 08/73	Bestellt als	Hersteller Fabrik-Nr.
434.221 Depo Liberec	1'D n2v Nachbau 170.798	BMMF * 860
434.1135 Depo Praha-Stred	Neubau CSD 1'D h2	Breitfeld-Danek 289
434.2173 Depo Liberec	1'D n2v kkStB 170.733	StEG *** 4266
* BMMF Böhmisch-Mährische Maschinenfabrik		
**BMB Böhmisch-Mährische Bahnen		
***StEG Österreichisch-Ungarische Staatseisenbahngesellschaft		

willigten ein. Offenbar hatten sie nicht die anderen Kameras bemerkt, oder sie hielten es nicht für möglich, daß ein Mensch soviele Fotoapparate benötigt. Die Film-Patrone wurde der Box entnommen und das belichtete Ende mit einer Schere abgeschnitten. Der Polizist, der mich von der Brücke geholt hatte, schaute enttäuscht auf das Schnipsel Zelluloid – gar keine Bilder drauf!?

Die Situation war nun entspannt. Mit freundlichen Mienen entschuldigten sich die Polizisten, sie müßten so verfahren wegen der Spione. Im kalten Krieg gab es doch gewisse Gemeinsamkeiten zwischen Ost und West.

So verließ ich von einer Zentnerlast erleichtert mit meiner Fototasche und allen Farbdiabildern den Bahnhof Liberec. Als ich mit 90 minütiger Verspätung am Campingplatz ankam, war Monika natürlich schon sehr besorgt - sie ahnte aber schon, daß es Schwierigkeiten mit der Polizei gegeben hatte.

Zum Abschluß des Besuchs in Nordböhmen fuhren wir mit der Bahn von Liberec nach Varnsdorf. Varnsdorf wurde im Korridor-Verkehr über Zittau (Sachsen) erreicht. Im letzten Bahnhof auf tschechischem Gebiet (Hrádek) wurden die Türen des Zuges, ein Diesel-Triebwagen mit Steuerwagen, verschlossen. Jeder Wagen wurde außerdem noch

Baujahr	Verbleib/ Umzeichnung
1920	1924 in 434.0312; Umbau in 1'D h2 DRB 56 3603
1925	1939 1945 BMB**
1918	vormals 434.0266 (n2v) Umbau in 1'D h2 DRB 56 3669

von einem mitreisenden Polizisten bewacht. Die Strecke führte durch das Niemandsland im Tschechisch-Polnischen-DDR-Deutschen Grenzgebiet mit vielen Zäunen und Wachtürmen. In Zittau ein Betriebshalt. Auf dem Bahnsteig waren mehr Polizisten als Zivilisten auszumachen: Aussteigen verboten! Die Fahrt führte auch am Betriebswerk von Zittau vorbei. Gerne hätte ich ein Foto von den dort stehenden 52ern und den Schmalspurloks für die Strecken nach Kurort Jonsdorf/Oybin gemacht. Aber mit verschlossenen Fenstern und Polizeibewachung gab es keine Chance.

In Varnsdorf war wieder viel Polizei am Bahnhof. Über staubige Straßen suchten wir eine Wirtschaft und fanden eine, in der uns ganz köstliche böhmische Knödel serviert wurden. Wieder zurück am Bahnhof, der von schweren Güterzügen, bespannt mit CSD-Loks der Baureihe 556 oder DR-Loks der Baureihe 52^{80}, durchfahren wurde, versuchte ich wenigstens ein Foto zu machen. Die Lok 556 0324 vom Depo Liberec stand dazu einladend auf einem Gleis parallel zum Bahnsteig. Eine schnelle Bewegung – Klick – und schon hatte ich das Foto. Wenige Sekunden später stand ein Polizist neben mir. Offensichtlich wurde auch hier jeder genau beobachtet. Glücklicherweise war in diesem Falle eine Verwarnung ausreichend.

Die ständige Überwachung war auf die Dauer frustrierend. Die Ausreise über Österreich wurde als Befreiung empfunden. Trotz schlechten Wetters konnte ich in Bruck an der Leitha die ungestörte Beobachtung der 52.6899 und der 52.6900 von der Zfl. Wien Ost genießen. Mit den Erfahrungen dieser Reise waren so manche Ereignisse jenseits unserer Ostgrenze besser zu verstehen.

Zum Abschluß noch ein kleiner Ausflug in die Lokomotivgeschichte. Zu den tschechischen Lokomotiven der Baureihe 434 konnte mir der Lokomotivhistoriker Walter Sahm aus München einige wertvolle Informationen liefern.
Die 434er, von der es mehrere Unterbauarten gab (unterschieden mit der Tausenderstelle der Ordnungsnummer) leiten sich von der kkStB Baureihe 170 ab, welche als die Kriegslok der Donaumonarchie bezeichnet werden muß. Die Tabelle auf Seite 118/119 gibt einige Daten zu den von mir in Böhmen fotografierten Loks.

Einmal Lokspäher – immer Lokspäher

enn die Geschichte mit dem Urgroßvater begann, dann hört sie mit dessen Urenkel noch nicht auf. So wie mein Vater mit mir in den 50er und 60er Jahren so manche Eisenbahn-Expedition unternahm, so versuche ich auch meinem Sohn die Faszination dieses Hobbys näher zu bringen. Mittlerweile geht auch er schon auf die Pirsch und er verfügt über eine Sammlung selbst produzierter Eisenbahnbilder von beachtlicher Qualität.

Der Splien drückt sich in typischen Verhaltensweisen aus. Bei der Betrachtung von Landkarten sucht das Auge unwillkürlich nach schwarz-weiß-schwarzen Linien. Egal wo man sich auf der Welt gerade befindet: Bahnanlagen sind kaum zu umgehen und üben immer eine magische Anziehungskraft aus.

Ich muß gestehen, daß mich unsere modernen ICE-Züge nicht mehr so begeistern. Aber es gibt immer noch Phantasien und Wunschziele, die vielleicht einmal Realität werden. Nachdem ich schon mehrmals die Faszination schwerer, fast unendlich langer Güterzüge in Nordamerika verspürt und erlebt habe, möchte ich diese schon mal gerne auf den Strecken der Union Pacific Gesellschaft, wie etwa der Steilrampe über den berühmten Sherman Hill in Wyoming, sehen und fotografieren. Auch den größten Rangierbahnhof der Welt, Bailey Yard in North Platte, Nebraska, würde ich gerne mit meiner Kamera besuchen.

Die vergangene Zeit der Eisenbahn meiner Jugend ist mir in Form von vielen Bildern erhalten geblieben. Eine Modellbahn der Epoche 3a ist auch ein gutes Heilmittel bei Entzugssymptomen. Da hilft dann

Der Heizer der Schnellzugdampflok 01 102 (Bw Mühldorf) in München Hbf, Mai 1967.

noch der Kontakt mit Gleichgesinnten, das Veranstalten von Diavorträgen und …das Schreiben eines Buches, wie das vorliegende, was mir sehr viel Spaß machte und viele Erinnerungen wieder auffrischte.
Ich hoffe, daß der Funke auch auf den Leser übergesprungen ist.

Epilog

erade als ich das Manuskript zum vorliegenden Buch abgeschlossen hatte und der Text mit den Bildern schon an den Verlag gesandt war, bekam ich ein unerwartetes Angebot:

Das bereits im Kapitel »Schnapsnummern« erwähnte Nummernschild der 55 5555.

Ein langersehnter Wunsch ging in Erfüllung. Kurze Zeit später hielt ich den Schatz in Händen. Nach Reinigung und Abschleifen der stark korrodierten Ziffern wurde das edle Stück dann im Modellbahnzimmer neben dem Schild der 74 1212 plaziert.

Die Herkunft des Schildes ist mit einer kleinen Geschichte verbunden, die ich dem Leser nicht verschweigen möchte.

Das Schild stammt von einem ehemaligen leitenden Beamten des Bw Hohenbudberg, dem ich dann auch eine Leseprobe der Geschichte »Wegen Spionage verhaftet« zuschickte. Daraus ergab sich ein erfreulicher Briefwechsel. In seinem ersten Brief vom 19.Juli 1997 war zu lesen:

»Sehr geehrter Herr Abriel,

Sie sind mir von Person bekannt, auch wenn ich nicht derjenige Begleiter bin, der mit Ihnen zu den abgestellten Loks ging. Das muß mein Kollege aus der C-Gruppe gewesen sein. Ich kam zufällig vorbei, als Sie versuchten das Nummernschild der 74 1212 abzuschrauben und ich erinnere mich, daß mein Kollege Ihnen ein passendes Werkzeug besorgte. Daß Sie später noch der Spionage verdächtigt wurden ist bedauerlich.

Bahnhof und Bw Hohenbudberg sind dem Erdboden gleichgemacht. An Gebäuden steht nur noch die Wagenhalle für die Reparatur der Güterwagen. Sie ist eine Ruine – das letzte Wahrzeichen.

Überall wachsen etwa 3 bis 4 Meter hohe Birken. Der Wasserturm ist noch da. Schon zu meiner Zeit wurden die Pumpenaggregate ausgebaut als die Elektrifizierung und Verdieselung abgeschlossen war. Die Eisenbahner wohnten zum großen Teil in der Siedlung mit den schwarzen Häusern. Wenn am Wochenende die Loks wieder angeheizt wurden, stand über dem Bw eine dunkelschwarze Wolke…«

Ist es nicht bemerkenswert, wenn sich jemand nach 32 Jahren an solch eine Begebenheit erinnert! Aber vielleicht auch wieder nicht, denn allen Eisenbahnern ist die Merkfähigkeit von Zahlen gemeinsam.

Dieser Kontakt produziert weitere Phantasien, vielleicht auch für ein neues Buchprojekt »Versunkene Eisenbahnlandschaften«. Ich bin gespannt, wie sich das entwickelt!

Wir schreiben über mehr als Dampf!

Spannende Abenteuer mit der Eisenbahn, computergesteuerte Modellbahn-Tests, originelle Werkstatt-Tips, einmalige Fotos, Geschichten von Menschen und Maschinen – bei uns finden Sie alles, was Modell und Vorbild an Faszination bieten.

Überzeugen Sie sich selbst!
Wir schicken Ihnen gern ein kostenloses Probeheft zum Schnuppern.

Also gleich anfordern – per Postkarte, per Fax oder telefonisch.

MODELLEISENBAHNER
Pietsch + Scholten Verlag
Postfach 10 37 43, D-70032 Stuttgart
Olgastraße 86, D-70180 Stuttgart
Telefon (0711) 2 10 80 75
Fax (0711) 2 36 04 15 oder 2 10 80 74

Erinnerungen

Karl-Ernst Maedel
Bekenntnisse eines Eisenbahnnarren
In der Dampflokzeit gab's Abteilwagen der 4. Klasse, Lokführer mit Schlips und Kragen, Heizer mit Schaufel und Schüreisen. Spannend wie ein Krimi: die Mitfahrt im Führerstand der Sachsen-Pazifik 18 008.

256 Seiten, 22 sw-Abb., geb.
Bestell-Nr. 71051
DM 29,80/sFr 29,80/öS 218,–

Uwe Breitmeier
Rückkehr aus dem Morgenland
Hessische Eisenbahnfreunde brachten 1987 das Kunststück fertig, eine preußische Heißdampflokomotive G 8 für das Eisenbahnmuseum Darmstadt-Kranichstein in der Türkei zu erwerben.

192 Seiten, 23 sw-Abb., geb.
Bestell-Nr. 71065
DM 29,80/sFr 29,80/öS 218,–

Knipping/Wollny
Deutsche Bundesbahn
1951 gegründet, startete die »DB« mit Volldampf in das Wirtschaftswunder. Neben alten Länderbahn-Loks stellte sie die moderne V 200 und den TEE-Triebwagen VT 11.5 auf die Schiene. Andere Neuentwicklungen floppten: der Gliedertriebzug »Komet«, der »Schiene-Straße-Bus« und die Dampflokbaureihe 10.

208 Seiten, 250 sw-Abb.,
30 Farbabb., geb.
Bestell-Nr. 71068
DM 49,80/sFr 47,50/öS 364,–

Udo Paulitz
Dampf-Impressionen in Deutschland
Erstklassige Motive und tolle Bilder, bei denen man den schwarzen Dampf fast riechen, die knallenden Auspuffschläge und die pfeifenden Sicherheitsventile fast hören kann.

128 Seiten, 31 sw-Abb.,
140 Farbabb., geb.
Bestell-Nr. 71028
DM 59,–/sFr 54,50/öS 431,–

Fiegenbaum/Klee
Abschied von der Schiene Band 1 und Band 2
Die Bahn ist out, das Auto in. Das bekam die Bundesbahn in den Jahren zwischen 1980 bis 1990 deutlich zu spüren. Bei 177 Strecken zog sie im Personenverkehr die Notbremse

512 Seiten, 520 sw-Abb.,
48 Farbabb., geb.
Bestell-Nr. 71073
DM 49,80/sFr 47,50/öS

IHR VERLAG FÜR EISENBAHN-BÜCHER

Postfach 10 37 43
70032 Stuttgart
Telefon (0711) 21 08 065
Telefax (0711) 21 08 070

Stand Dezember 1997 – Änderungen in Preis und Lieferfähigkeit vorbehalten